VERSTÄNDLICHE WISSENSCHAFT

SECHSUNDACHTZIGSTER BAND

BERLIN · HEIDELBERG · NEW YORK

SPRINGER-VERLAG

BEDROHTE UND AUSGEROTTETE TIERE

Eine Biologie des Aussterbens und des Überlebens

VINZENZ ZISWILER

1.—6. TAUSEND

MIT 74 ABBILDUNGEN

BERLIN · HEIDELBERG · NEW YORK

SPRINGER-VERLAG

Herausgeber der Naturwissenschaftlichen Abteilung:
Prof. Dr. Karl v. Frisch, München

ISBN-13: 978-3-540-03423-0   e-ISBN-13: 978-3-642-85735-5
DOI: 10.1007/978-3-642-85735-5

Titel-Nr. 7219

Vorwort

Dieses Büchlein möchte in gedrängter Form eine Übersicht über die fortschreitende Naturzerstörung, vor allem im Bereich des tierischen Lebens, geben und zugleich Wege und Möglichkeiten aufzeigen, wie man diese Zerstörung verhindern kann.

Der Mensch als mächtigstes Geschöpf der Natur dehnt seinen Einfluß auf sämtliche Bereiche der Natur aus. Zivilisation und Technik, letzte Konsequenzen einer einmaligen Großhirnentwicklung, haben den Menschen in diese Machtstellung versetzt. Eine ungeheure Massenvermehrung in den letzten Jahrhunderten machte ihn zu einem der individuenreichsten Lebewesen, das heute sämtliche Zonen der Erde bewohnt. Wer die beängstigende Wachstumskurve der Erdbevölkerung (Abb. 1 a) mit einer graphischen Darstellung der ausgerotteten Tierarten (Abb. 1 b) vergleicht, stellt besorgt eine Übereinstimmung fest. Je

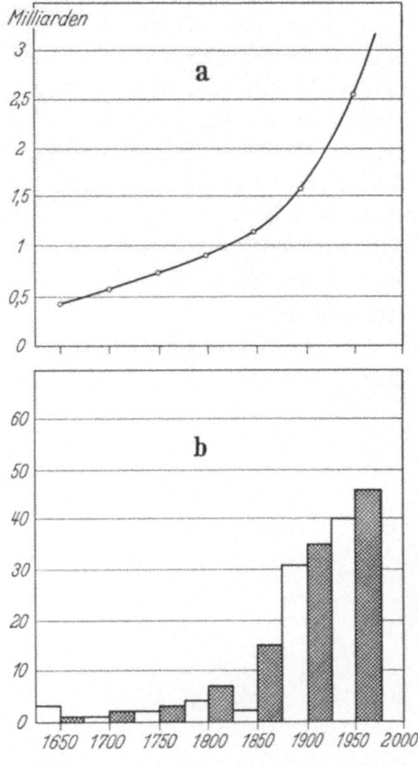

Abb. 1. a) Die Zunahme der Erdbevölkerung in den letzten dreihundert Jahren. b) Die Anzahl der in den letzten drei Jahrhunderten ausgerotteten Säugetierformen (weiße Blöcke) und Vogelformen (schwarze Blöcke)

steiler die menschliche Bevölkerungskurve wird, desto höher werden die Blöcke, welche die Zahl der ausgerotteten Tiere darstellen.

Viele Zahlen und Daten sind in diesem Büchlein enthalten; sie sprechen uns Menschen des zwanzigsten Jahrhunderts mehr an als flammende Aufrufe an das Gefühl. Sie überzeugen uns auch deutlicher von der Größe der angerichteten Schäden und von der Notwendigkeit, Abhilfe zu schaffen. Im Grunde genommen sind alle angeführten Beispiele Kopfrechnungen mit demselben Ergebnis, daß der Mensch, wenn er die Natur weiterhin zerstört, den Ast absägt, auf dem er sitzt, daß jeder vernünftige Naturschutz zugleich auch Menschenschutz ist.

Es liegt in der Thematik dieses Büchleins, daß sein Inhalt aus sehr vielen und verschiedenen Quellen zusammengetragen werden mußte, die alle anzuführen unmöglich wäre. Ich möchte an dieser Stelle allen Kollegen, aber auch allen Bildautoren herzlich für ihre Beiträge danken. Mein besonderer Dank gilt dem Direktor des Zoologischen Museums der Universität Zürich, Herrn Prof. Dr. HANS BURLA, der mir Personal und wichtige Hilfsmittel für dieses Buch zur Verfügung stellte, sowie der internationalen Naturschutzorganisation WORLD WILDLIFE FUND, deren Photoarchiv ich benützen durfte.

Zürich, Neujahr 1965 VINZENZ ZISWILER

VIII

Inhaltsverzeichnis

X

1. Direkte Ausrottung

Wenn Tiere vom Menschen in dermaßen großer Zahl vernichtet werden, daß eine Art zu existieren aufhört, sprechen wir von direkter Ausrottung. Mehrere Dutzend Tierformen sind bereits dieser direkten Ausrottung zum Opfer gefallen, und Hunderten von weiteren Formen steht dieses Schicksal bevor. Die Gründe, um derentwillen Tiere direkt ausgerottet werden, lassen sich in drei Motivgruppen gliedern: das Erwerbsmotiv, die Angst vor Konkurrenz aus dem Tierreich und das Vergnügen am Mord.

Fleisch und Eier

Der ursprünglichste und verbreitetste Erwerb aus dem Tierreich ist die Nahrung. Von jeher bezog der Mensch einen Teil seiner Lebensmittel aus dem Tierreich, und wir können ihm dieses Recht nicht absprechen. Solange der Mensch mit primitiven Waffen und Methoden jagte, vermochte er, wenigstens auf den Kontinenten, keine Tierart auszurotten. Die Herden des nordamerikanischen Bisons (Bison bison) (Abb. 2), die um 1700 noch 60 Millionen Individuen zählten, bildeten während Jahrhunderten die Lebensgrundlage der Prärie-Indianer. Jährlich wurden Hunderttausende von Tieren mit primitiven Waffen erlegt, ohne daß sich die Bestände verringert hätten. Das Schicksal des Bisons nahm erst eine Wende, als ihm die Weißen mit Feuerwaffen zu Leibe rückten. Beim Bau der Union-Pacific-Bahn versorgten spezielle Abschußbrigaden die Bahnarbeiter mit Bisonfleisch. Um diese Zeit veranstaltete man auch jene berüchtigten Vergnügungsjagden, bei welchen es galt, möglichst viele Bisons in kürzester Zeit abzuknallen. Es gab Spezialisten wie jenen Buffalo Bill, die es auf eine Tagesleistung von 250 Tieren brachten. Dabei verwendete man von den Tieren höchstens die Zunge, die Kadaver ließ man verwesen. Zu den makabersten Szenen überbordender Mordlust gehörten die Vergnügungsjagden, veranstaltet von den Eisenbahngesellschaften.

Pausenlos wurde aus den Eisenbahnzügen, welche durch die Wohngebiete der großen Herden führten, gefeuert; Berge von faulenden Bisonleibern säumten die Schienenwege. Um 1890 überlebten nur noch wenige Dutzende von Bisons.

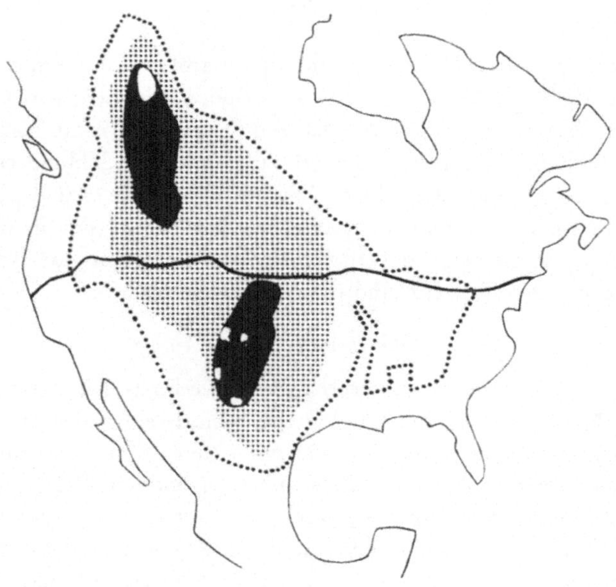

Abb. 2. Die ehemalige und heutige Verbreitung des Bisons in Nordamerika. Die punktierte Linie umgrenzt das Verbreitungsgebiet vor 1800. Punktierte Fläche: Verbreitungsgebiet um 1850; schwarze Flächen: Verbreitungsgebiete um 1875; weiße Flecken: heutiges Vorkommen; schwarze Linie: Union-Pacific-Bahn

Während der amerikanische Bison dank dem energischen Eingreifen einsichtiger Persönlichkeiten in letzter Minute gerettet werden konnte, wurde ein anderes nordamerikanisches Tier, die Wandertaube (Ectopistes migratorius), endgültig ausgerottet. Diese zierliche Taube galt einst als die individuenreichste Vogelart schlechthin. In riesigen Zügen, die den Himmel verdunkelten, durchzog sie den nordamerikanischen Kontinent. Einzelne Schwärme wurden auf mehr als zwei Milliarden Vögel geschätzt. Eine derartige Population ausrotten zu können, schien ein Ding der Unmöglichkeit zu sein. Der Gang der Ereignisse bewies jedoch das

Gegenteil. Drei Eigenschaften wurden der Wandertaube zum Verhängnis: das wohlschmeckende Fleisch, das Ziehen in dichten Schwärmen und gemeinsames Brüten zu Hunderten auf einem Baum. Anfänglich bildeten die durchziehenden Wandertauben (Abb. 3) eine willkommene gelegentliche Bereicherung des Speise-

Abb. 3. Wandertaubenjagd in Louisiana. Aus „Illustrated Sporting and Dramatic News", 1875

zettels der weißen Siedler. Später wurde der Wandertaubenfang kommerzialisiert, besonders nach dem Aufkommen der Eisenbahnen, welche den schnellen Versand des Taubenfleisches in die Städte ermöglichten. Nach 1850 waren in den Vereinigten Staaten einige tausend Leute ausschließlich im Wandertaubengeschäft tätig. Mit allen Mitteln versuchte man, des schmackhaften Leckerbissens habhaft zu werden. Beispielsweise wurden spezielle Feuerwaffen, Kanonen und Vorläufer der Maschinengewehre, konstruiert. Ergiebige Fänge gab es auch an den Schlaf- und Brutplätzen, wo während nächtlicher Treibjagden Alt- und Jungvögel von den Bäumen geschlagen wurden. Die fetten Nestlinge wurden als „Squabs" auf den Markt gebracht und galten als besondere Delikatesse. Einige Fangzahlen aus dem letzten Jahrhundert vermit-

teln uns ein Bild vom Ausmaß der rücksichtslosen Wandertauben-
vernichtung:

1855 setzte ein Händler in New York täglich 18 000 Tauben
um. 1869 wurden an einer einzigen Stelle 7,5 Millionen Vögel
gefangen. 1879 erbeutete man in Michigan eine Milliarde Vögel.

Dieser Raubbau führte zu einem jähen Zusammenbruch des
Wandertaubenbestandes. Während der zweiten Hälfte des 19. Jahrhunderts wurde die Art in allen Staaten der USA selten. Ab 1860
wurden keine großen Brutkolonien mehr gefunden. 1894 beobachtete man das letzte Nest, 1899 das letzte Tier in Freiheit.
1914 ging die letzte Wandertaube im Zoo von Cincinnati ein.

Ein Beispiel von Tierfang, der mit höchstem technischem Aufwand betrieben wird, ist der Walfang. Modernst ausgerüstete Wal-
fangflotten befahren die arktischen und antarktischen Meere, um
diesem einträglichen Geschäft nachzugehen, denn Wale sind eine
ungemein vielfältige Rohstoffquelle. Mit Radar und Bordflug-
zeugen werden die Wale geortet und von speziellen Fangschiffen
aus harpuniert. Die Walfangmutterschiffe, eigentliche schwimmende
Fabriken, übernehmen die Verarbeitung der anfallenden Kadaver.
Von einem gefangenen Wal können praktisch alle Körperteile
verwendet werden. Das ausgekochte Walöl wird sowohl für die
menschliche Ernährung als auch als technischer Rohstoff für die
Seifenindustrie, die Leder- und Linoleumindustrie sowie zur Her-
stellung von Kunstharzen verwendet. Pottwalöl ist ein wichtiger
Grundstoff für die pharmazeutische und die kosmetische Industrie.
Das Fleisch der Wale kann vom Menschen gegessen oder zu Hunde-
und Viehfutter verarbeitet werden. Die Knochen der Wale liefern
Leim, Gelatine und Kunstdünger, verschiedene innere Organe, wie
die Leber, wertvolle Vitamine und Hormone. Bei den alljährlichen
Fangziffern von 60 000 bis 70 000 Walen bangt man allerdings
um den Fortbestand bestimmter Walarten. Bereits um die Jahrhundertwende wurden 2 Walarten recht selten, der Nordkaper
(Eubalaena glacialis) und der Südkaper (Eubalaena australis). Aus
den Barten, womit diese Wale das Meerwasser nach Kleinkrebschen
durchseihen, verfertigte man das begehrte „Fischbein" für Korsette
und Krinolinen.

Seit Jahrzehnten bemüht man sich im Rahmen der „International Whaling Comission", jährliche Maximalfangziffern festzulegen,

die eine Weiterexistenz der bedrohten Walarten gewährleisten sollen, doch werden solche wissenschaftlich fundierte Empfehlungen sehr oft mißachtet. So setzte 1964 eine wissenschaftliche Kommission die Höchstquote der für das laufende Jahr in der Antarktis zu fangenden Wale auf 4000 Blauwaleinheiten (1 Blauwaleinheit = 2 Finnwale oder 6 Seiwale) fest. Die in der Antarktis walfangenden Nationen, Japan, Rußland, Norwegen und Holland, setzten sich aber über diese Empfehlung hinweg und beschlossen eine Quote von 8000 Blauwaleinheiten. Dieser hohen jährlichen Fangquote sind die antarktischen Walbestände nicht gewachsen, und der Untergang des Finnwals (Balaenoptera physalus) und des Seiwals (Balaenoptera borealis) innerhalb der nächsten Jahre scheint deshalb unabwendbar. Es dürfte dies das erste Mal in der Geschichte sein, daß Regierungen vorsätzlich eine Aktion planen, die zur Ausrottung einer Großtierart führt.

Ihres Fleisches wegen werden heute mehrere Kriechtierformen übernutzt. Meistens handelt es sich um inselbewohnende Formen, deren Bestand ohnehin nie sehr groß war. Solche bedrohte Kriech-

Abb. 4. Kadaver einer Galapagos-Riesenschildkröte. Oft wird von den getöteten Tieren nur die Leber verwendet, die als besonderer Leckerbissen gilt. Zu diesem Zweck wird ein Loch in den Panzer geschlagen. Aufn. R. Honegger

tiere sind die Riesenschildkröten (Testudo elephantopus und Te-
studo gigantea) von den Galapagos- beziehungsweise von den
Seychellen-Inseln (Abb. 4, 5) und der Galapagos-Landleguan oder
Drusenkopf (Conolophus subcristatus) (Abb. 6).

Abb. 5. Seychellen-Schildkröte. Aufn. R. HONEGGER

Von vielen Tierarten sind nicht nur das Fleisch, sondern auch
die Eier eßbar. Besonders lohnende Sammelplätze sind Inseln, etwa
im nördlichen Atlantik, wo sich alljährlich Millionen von Seevögeln zur Brut einfinden. Eierräuber tierischer und menschlicher
Herkunft finden hier ein ergiebiges Betätigungsfeld. Oft werden
nicht nur die Eier, sondern gleich auch die geschlüpften Jungvögel
und Altvögel gesammelt. Auf einer Insel bei Tasmanien hatte eine
Industrie den ganzen 80 Millionen starken Pinguinbestand von
der australischen Regierung gepachtet und verkochte die Tiere zu
Tran. Auf den Färöern werden alljährlich 60 000 Lummen und
eine Viertelmillion Papageitaucher gefangen. Überdies werden
dort jedes Jahr eine halbe Million Trottellummeneier abgeerntet.

6

Die unkontrollierte Sammeltätigkeit wurde schon im letzten Jahrhundert dem Riesenalk (Alca impennis) (Abb. 7) zum Ver-

Abb. 6. Drusenkopf auf der Barrington-Insel (Galapagos). Aufn. R. Honegger

Abb. 7. Der Riesenalk und sein ehemaliges Vorkommen. Schwarze Punkte: Ehemalige Brutgebiete; weißer Ring: Erlegungsort der letzten beiden Vögel, 1844. Nach Naumann, 1903

hängnis. Diese größte Alkenart, deren Flügel ähnlich wie bei einem Pinguin nicht mehr zum Fliegen taugten, war bereits um 1850 ausgerottet; nur wenige, kostbare Museumspräparate gestatten uns heute, uns ein Bild von diesem Vogel machen zu können. Andere Alkenvögel, wie Trottellumme (Uria aalge), Gryllteiste (Cepphus grylle) und Papageitaucher (Fratercula arctica) verschwanden vollständig aus gewissen Gebieten.

Trotz diesen bedauerlichen Feststellungen dürfen wir das Eiersammeln nicht in Bausch und Bogen verdammen. Die Eier und das Fleisch der Alken bilden eine wichtige und unersetzliche Nahrungsquelle für die menschlichen Bewohner dieser arktischen Zonen, doch muß die Nutzung der Vogelbestände unter wissenschaftlicher Kontrolle erfolgen, so daß der Gesamtbestand, über mehrere Jahre gesehen, auf der gleichen Höhe gehalten werden kann.

Im Pazifischen Ozean liegen die Brutinseln der Albatrosse und Sturmvögel. Aus allen Weltmeeren treffen sich die Angehörigen einer bestimmten Art, um auf einer dieser abgelegenen Inseln einmal im Jahr zu brüten. Aber keine der Inseln ist abgelegen genug, als daß sie nicht von Eiersammlern heimgesucht würde.

Abb. 8. Eier-Ernte auf der Hawaii-Insel Laysan. Die Eier des Laysan-Albatros (im Vordergrund) werden zu Eiweißpräparaten verarbeitet. Aus HESSE-DOFLEIN, 1910

Auf der Hawaii-Insel Laysan verarbeitet eine eigene Industrie
die Eier des Laysan-Albatros (Diomedea immutabilis) zu Eiweißpräparaten. Ein Netz von Rollwagengeleisen durchzieht die Insel
und hilft, den millionenfachen Eiersegen wegzuführen (Abb. 8).
Dabei legen die Albatrosweibchen nur ein einziges Ei! Der seltenste
Albatros ist Stellers Albatros (Diomedea albatrus). Sein Brutgebiet
liegt im Gebiet der Bonin-Inseln. Unablässige Verfolgung durch
Eier- und Federsammler haben ihn an den Rand der Ausrottung
gebracht.

Es werden jedoch nicht nur Vogeleier gesammelt. In gewissen
Tropengebieten sind Schildkröteneier stark gefragt. Die begehr-
testen Eier, nämlich den Kaviar, liefert ein Fisch, der Stör (Aci-
penser sturio). Ein Kilogramm Kaviar kostet rund 250.— DM;
begreiflich, daß es für einen Fischer kaum einen lohnenderen Fang
geben kann. Die starke Nachfrage nach dieser Delikatesse hatte
zur Folge, daß der Stör praktisch aus allen mitteleuropäischen Gewässern verschwand (Abb. 9).

Abb. 9. Stör-Schlachten in Hamburg. del. H. Petersen

Die Tierwelt liefert dem Menschen nicht nur Nahrung, sondern auch Kleidung und Schmuck. Die starke Nachfrage nach bestimmten Pelzen stellt seit Jahrhunderten eine beträchtliche Gefahr für bestimmte Tierarten dar. Das gesuchteste Fell trug der Seeotter (Enhydra lutris), der die nördlichsten Küstengebiete des Stillen Ozeans bewohnte. Der hohen Fellpreise wegen wurden diese Tiere im letzten Jahrhundert stark verfolgt. Um 1850 setzte die Russisch-Amerikanische Kompanie 118 000 Seeotterfelle um. 1885 wurden 8000 Felle gehandelt, 1910 noch deren 400; dann wurden keine Tiere mehr gefangen, und man glaubte, der Seeotter sei ausgerottet. Wenige Paare konnten aber überleben, und dank dem absoluten Schutz erholte sich der Bestand allmählich (Abb. 10).

Abb. 10. Der Seeotter, sein ehemaliges (Kreise) und heutiges (schwarze Punkte) Vorkommen an den Küsten des nördlichen Pazifik. Nach I. I. Barabasch-Nikiforow

Einen sehr gesuchten Artikel bilden Robbenfelle. Früher ein beliebtes Material für Schulranzen und Skifelle, werden sie heute zu Schuhen und Pelzmänteln verarbeitet.

Der Robbenfang ist eines der schlimmsten Beispiele von Raubbau an Tierbeständen, bestehen doch kaum wirksame Schutzmaßnahmen. Von manchen Robbenformen sind die natürlichen Bestände sowieso nicht mehr groß und oft nur auf einzelne Inseln

a)

b)

Abb. 11. Robbenschlägerei auf den Pribilov-Inseln. a) Die Robben werden mit Stöcken totgeschlagen; b) Überreste eines Seebären-Massakers. Aus „The Fur Seals and Fur Seal-Islands", 1898

beschränkt, und die Bestandesvermehrung erfolgt langsam, da ein Robbenweibchen nur alle zwei Jahre ein Junges wirft. Überdies sind Robben leicht zu fangen; die Fänger nähern sich von der Seeseite her einer auf der Küste ruhenden Herde und schneiden sie vom Wasser ab. Mit Knüppeln werden dann möglichst viele der wehrlosen, auf dem Land unbeholfenen Tiere totgeschlagen (Abb. 11).

Heute stehen mehrere Robbenarten unmittelbar vor der Ausrottung. Die rücksichtslose Verfolgung dieser Tiere begann oft vor mehr als hundert Jahren. Um 1792 schätzte man den Bestand einer Seebärenrasse (Arctocephalus philippi philippi) auf der Insel Juan Fernandez vor der Küste Chiles auf drei Millionen Tiere. Zwischen 1778 und 1805 setzten Robbenfänger in Canton, dem Haupthandelsplatz für Robbenfelle, über 3 Millionen Felle des Juan-Fernandez-Seebären um. Um 1807 gab es auf der Insel noch 300 Tiere, heute noch deren 50. Zwischen 1908 und 1910 wurden auf

Abb. 12. Galapagos-Seebär, im Hintergrund eine Meerechse. Aufn. R. Honegger

den Pribilov-Inseln von japanischen Fängern nahezu vier Millionen Bärenrobben erlegt. Andere Robbenarten erlebten ein ähnliches Schicksal. Von vielen existieren heute nur noch Kümmerbestände, wobei es fraglich ist, ob sie sich je erholen werden. Solch kleinste Bestände bilden heute die Mittelmeermönchsrobbe (Monachus monachus) mit 1000—5000 Exemplaren, die Pazifische Mönchsrobbe (Monachus schauinslandi) mit 1500 Tieren, der Guadalupe-Seebär (Arctocephalus philippi townsendi) mit 200—500 Exemplaren, der Galapagos-Seebär (Arctocephalus australis galapagoensis) (Abb. 12) mit 500 Exemplaren, der Japanische Seelöwe (Zalophus californianus japonicus) und schließlich die Karibische Mönchsrobbe (Monachus tropicalis), die nur noch in wenigen Einzeltieren überlebt.

Nebst den Robben wird der Pelz heute vor allem einigen Großkatzen zum Verhängnis, so dem Gepard (Acinonyx jubatus) (Abb. 13) und dem Leopard (Panthera panthera), die in ihrem Verbreitungsgebiet in Indien und Afrika beängstigend abgenommen haben. Die indische Rasse des Gepards steht unmittelbar vor der Ausrottung.

Wie die Säugetiere den Pelz, so mußten zahlreiche Vögel die Federn lassen. Als vor Jahren die Damen riesige Büschel von

Abb. 13. Geparden. Aufn. V. Ziswiler

13

Straußenfedern auf ihren Hüten trugen (Abb. 14) und zur vollkommenen Abendtoilette eine um den Leib geschlungene Boa aus Straußenfedern gehörte, hätte beinahe die Stunde für den Afrika-

Abb. 14. Straußenfedermode

nischen Strauß (Struthio camelus) geschlagen, wenn man bedenkt, daß im Jahre 1912 in Frankreich 146 371 kg Straußenfedern eingeführt wurden! In allerletzter Minute gelang es, den Bedarf an Straußenfedern aus Straußenzuchten zu decken, und später wandte sich die Mode anderen Gebieten zu, sehr zum Leidwesen der südafrikanischen Straußenzüchter. Dem häufigen Wechsel der Damenmode ist es zu verdanken, daß bis heute noch keine Vogelart durch den Federhandel ausgerottet werden konnte. Trotzdem waren die Tribute schöner Vogelarten an die Mode zu bestimmten Zeiten

14

enorm. In Venezuela wurden 1848 500 000 Schmuckreiher erlegt, 1909 töteten Federhändler auf der Insel Laysan 300 000 Albatrosse. 1913 lautete das Angebot der Londoner Federbörse: 86 315 Kraniche und Reiher, 26 618 Paradiesvögel und 27 650 Krontauben.

Souvenirs

Nicht weniger sinnlos sind die Tribute einzelner Tierarten an die Souvenirindustrie. Der Souvenirhandel ist heute zur Existenzfrage der pazifischen Walrosse geworden. Aus den Hauern der Bullen stellen nämlich die Eskimos Schnitzereien her, die sie den zahlreichen in der Arktis diensttuenden Soldaten verkaufen. Die große Nachfrage nach solchen Artikeln hat eine derart starke Bejagung der Walrosse zur Folge, daß der Bestand sich nicht mehr halten kann, falls nicht dringende Schutzmaßnahmen ergriffen werden.

Das widerlichste Geschäft mit Gegenständen tierischer Herkunft wird heute in Ostafrika, dem Zentrum einer ausgedehnten Ferien- und Safari-Industrie, getrieben. Aus Elfenbein geschnitzte Gegenstände, wie Lampenständer, Zahnstochersortimente und Schirmgriffe, Papierkörbe aus Elefantenfüßen, Fliegenwedel aus Gnuschwänzen und andere Geschmacklosigkeiten werden hier einem kauffreudigen Publikum aus Amerika und Europa angeboten (Abb. 15).

Heilaberglaube

„Eine Tierart ist zum Aussterben verurteilt, wenn Teilen ihres Körpers heilkräftige Wirkung zugeschrieben wird." Diese Regel formulierte der Schweizer EMIL BÄCHLER, ein Hauptinitiant der Wiedereinbürgerung des Alpensteinwildes. Die Gültigkeit dieser Regel hat sich im Laufe der Zeit immer wieder bestätigt. Der Alpensteinbock war einmal so etwas wie eine wandelnde Apotheke. Es gab kaum einen Körperteil, dem nicht eine spezifische Heilwirkung zugeschrieben wurde. Das Allerwertvollste waren die Haarkugeln (Bezoarkugeln) im Magen des Steinbocks; sie galten als Heilmittel gegen Ohnmacht, Gelbsucht, Ruhr, Gifte, Melan-

a)

b)

Abb. 15. Reiseandenken aus Ostafrika. a) Elefantenfüße als Papierkörbe; b) Leopard- und Gepard-Trophäen. Aufn. OKAPIA/World Wildlife Fund

16

cholie und Pest. Das Blut des Steinbocks beseitigte Blasensteine, das Fersenbein half bei Milzerkrankungen, das Herz ergab einen Kräftigungstrunk, und selbst die Losung wurde zur Heilung von Blutarmut, Schwindsucht und zu Verjüngungskuren verwendet. Deshalb war der Steinbock (Capra ibex) als vermeintlicher Heilmittellieferant bereits im 17. Jahrhundert in den Schweizer Alpen ausgerottet.

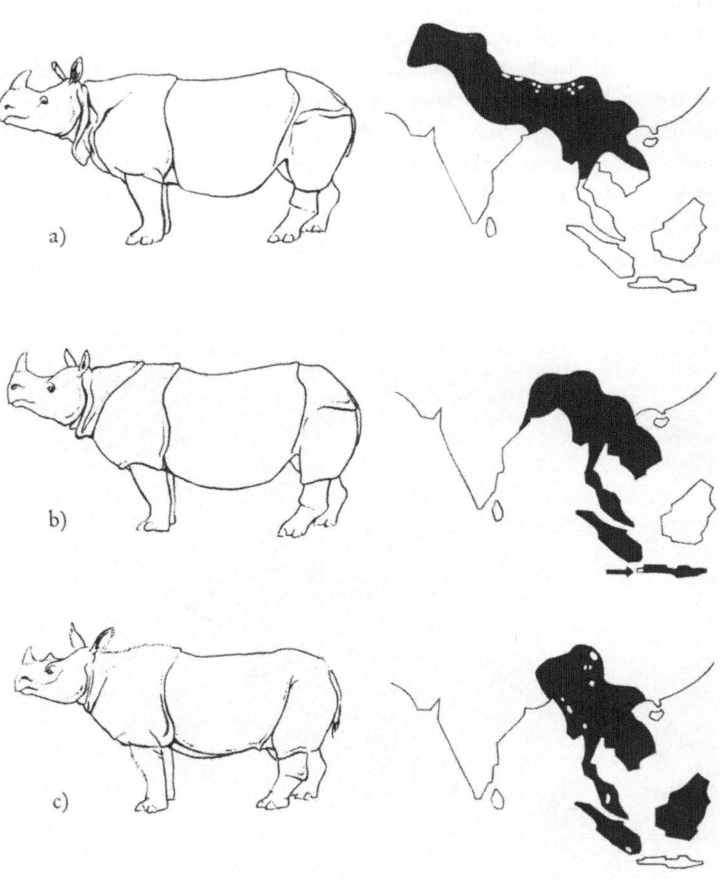

Abb. 16. Die asiatischen Nashornarten, ihre ehemalige (schwarz) und heutige (weiße Flecken) Verbreitung. Aus „Oryx", 1960. a) Indisches Panzernashorn; b) Java-Nashorn; c) Sumatra-Nashorn

Ein modernes Gegenstück zum Steinbock sind die Nashörner. Chinesische Händler verkaufen die Hornsubstanz als Stärkungsmittel für alternde Männer und erzielen damit Riesengewinne. Aus Nasenhorn geschnitzte Becher sollen ferner der Erkennung von Giftgetränken dienen. So ist es verständlich, daß die Nashornwilderer sich trotz bestehender Schutzbestimmungen um nichts von ihrem gewinnbringenden Gewerbe abhalten lassen. Am stärksten bedroht sind heute die drei asiatischen Nashornarten (Abb. 16). Vom Java-Nashorn (Rhinoceros sondaicus) gab es 1964 noch ganze 12 Exemplare, vom Sumatra-Nashorn (Didermoceros sumatrensis) 150 Stück, und der Gesamtbestand des großen Indischen Panzernashorns (Rhinoceros unicornis) wird auf 600 Tiere geschätzt. Java- und Sumatra-Nashorn können — wenn überhaupt noch — nur durch Evakuation in Tiergärten gerettet werden. Der verheerende Aberglaube von der Heilwirkung des Nashorns wirkt sich aber bereits auch auf die afrikanischen Nashörner aus. Chinesische und indische Händler an der Ostküste Afrikas zahlen den

Abb. 17. Afrikanischer Polizist mit beschlagnahmten, gewilderten Nashörnern. Aufn. Okapia/World Wildlife Fund

18

Eingeborenen verlockende Preise für die Hornsubstanz. Trotz strengen Schutzbestimmungen werden in den afrikanischen Wildgebieten jährlich rund 1000 Nashörner gewildert (Abb. 17). Der Bestand des Schwarzen oder Spitzmaulnashorns (Diceros bicornis) (Abb. 71 a) wird heute noch auf rund 13 000 Exemplare geschätzt, vom Weißen oder Breitmaulnashorn (Diceros simus) (Abb. 18) gibt es noch 3900 Tiere.

Abb. 18. Breitmaulnashörner. Aufn. C. A. W. GUGGISBERG/World Wildlife Fund

Tierhandel

Auch ein verantwortungsloser Tierhandel kann Tierarten gefährden. Besonders bedroht sind in dieser Hinsicht Tierarten, die ohnehin schon selten geworden sind, wie etwa der Orang-Utan (Pongo pygmaeus) (Abb. 19). Dieser heute seltenste Menschenaffe ist in seinem Vorkommen auf wenige Gebiete Borneos beschränkt. Je seltener aber eine Tierart ist, desto begehrter wird sie, und so stellen heute zahlreiche Tierfänger dem Orang nach. Im vorliegenden Fall wirkt der Fang besonders verheerend, da man vorwiegend junge Orangs fängt, indem man kurzerhand die führenden Mütter abschießt.

2*

Abb. 19. Orang-Utan-Junges. Aufn. B. Harrison/World Wildlife Fund

Trophäensucht, Schießlust

Die sinnloseste Vernichtung von Tieren finden wir dort, wo das Töten zum Sport wird, sei es um bestimmter Trophäen willen oder überhaupt nur aus Lust am Töten (Abb. 20).

Unverantwortliche Trophäensucht ist einer der Hauptgründe für die alarmierende Bestandesverminderung des Indischen Löwen (Panthera leo persica) (Abb. 21) während der ersten Jahrzehnte dieses Jahrhunderts. Dieser Löwe bewohnte einst ein riesiges Ver-

Abb. 20. Großwildjäger mit Trophäen. Aus „Derniers refuges", IUCN, 1956

Abb. 21. Indischer Löwe am Fraß. Aufn. E. P. GEE/World Wildlife Fund

breitungsgebiet (Abb. 22), das bis nach Vorderasien reichte. Im Verlauf der Jahrhunderte wurde diese asiatische Löwenform immer mehr nach Osten zurückgedrängt, und die indische Restpopulation wurde vor allem von britischen Kolonialbeamten dezimiert, die traditionsgemäß ein Fell des Indischen Löwen in ihre Heimat zurücknehmen wollten. Heute gibt es nur noch 280 Indische Löwen

im 500 Quadratmeilen großen Urwald von Gir in Nordwestindien. Nach dem Abzug der Kolonialherren sind es paradoxer-
weise Ziegen, Schafe und Hausrinder, die die überlebenden Löwen
bedrohen. Diese Löwenrasse ist nämlich waldbewohnend im Ge-

Abb. 22. Ehemaliges (punktiert) und heutiges (schwarzer Fleck) Verbreitungsgebiet des
Indischen Löwen. Nach „Oryx", 1960

Abb. 23. Haustiere vernichten den Urwald in Nordwestindien. Aufn. E. P. Gee/World
Wildlife Fund

gensatz zu den afrikanischen Steppenlöwen, und die Ziegen, die in großer Zahl im Waldgebiet von Gir leben, verhindern die natürliche Verjüngung des Waldes, indem sie sämtliche Jungbäume abfressen und so den letzten Lebensraum der Hirsche und Wildschweine, der Hauptbeutetiere des Löwen, vernichten (Abb. 23).

Zu den makabersten Szenen überbordender Mordlust gehören die Luxusjagden arabischer Ölscheichs, welche heute mit einem Großaufgebot von Automobilen oder gar Flugzeugen Feudaljagd betreiben. Bereits sind große Teile der arabischen Halbinsel buchstäblich leergeschossen. Ein erstes Opfer dieser Jagden war die arabische Rasse des Afrikanischen Straußes (Struthio camelus syriacus), die bereits seit einigen Jahren ausgerottet ist. Heute ist die Arabische Oryxantilope (Oryx leucoryx) (Abb. 24) am stärksten bedroht, von ihr leben nur noch ungefähr 200 Tiere in Freiheit.

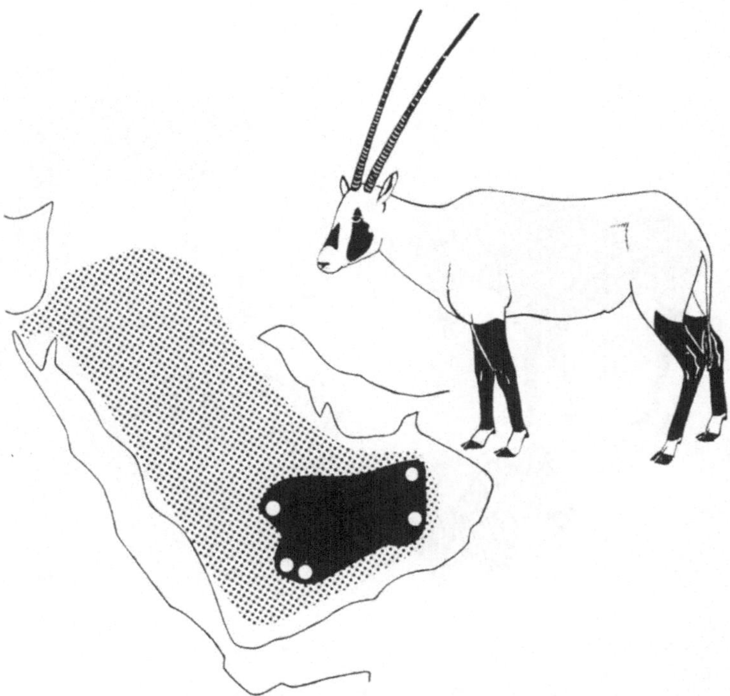

Abb. 24. Die Arabische Oryxantilope, ihr ehemaliges (punktiert) und heutiges (schwarz) Verbreitungsgebiet. Die weißen Punkte bezeichnen die letzten Abschußorte. Nach „Oryx", 1960

Auch Naturvölker können aus reiner Mordlust großes Unheil an Tierbeständen anrichten, sobald sie über wirksame Waffen verfügen. Moderne Feuerwaffen gestatten heute den Eskimos, unter den Karibuherden, ihrer einstigen Ernährungsbasis, sinnlose Massaker zu veranstalten, was bereits zu einer bedrohlichen Bestandesverminderung dieser Rasse des Rentiers geführt hat. 1948 zählte man noch 680 000 Tiere, 1964 noch deren 200 000.

Tiere als vermeintliche Konkurrenten

Häufig werden Tiere als vermeintliche Konkurrenten des Menschen oder seiner Haustiere verfolgt und ausgerottet.

Diese Angst vor Konkurrenz war maßgebend verantwortlich für die Ausrottung südafrikanischer Großtiere (Abb. 25) durch die

Abb. 25. Südafrikanische Huftiere. Oben links: Blaubock; oben rechts: Buntbock; Mitte: Weißschwanzgnu; unten links: Quagga; unten rechts: Burchell's Zebra

Buren im letzten Jahrhundert. Bei der Landnahme betrachteten die Buren die vorhandenen Huftierherden als lästige Konkurrenten ihrer Hausrinder und vernichteten sie systematisch. Um 1800 war der Blaubock (Hippotragus leucophaeus), eine Antilopenart, ausgerottet; 1878 verschwand das Quagga (Equus quagga), eine einst häufige Zebra-Art. Eine weitere Zebraform, das Burchell's Zebra (Equus burchelli burchelli), war um 1920 endgültig ausgerottet. Drei weitere Huftierformen, das Kap-Bergzebra (Equus zebra zebra), der Buntbock (Damaliscus dorcas dorcas) und das Weißschwanzgnu (Connochaetes gnu) leben heute nur noch in Gehegen. Um 1865 verschwand in Südafrika auch die südlichste Form des Löwen, der Kaplöwe (Panthera leo melanochaitus).

In den Vereinigten Staaten zog sich ein mittelgroßer, gelbgrüner Papagei, der Karolinasittich (Conuropsis carolinensis), die Feindschaft des Menschen zu. Als die Zypressensümpfe im Südosten der Vereinigten Staaten, ihr ursprüngliches Wohngebiet, in Obstplantagen umgewandelt wurden, ließen sich diese Vögel Übergriffe auf Obst zuschulden kommen. Darauf sagten die Obstbauern dem Sittich den Kampf an und rotteten innert weniger Jahre die Art aus. Im September 1914 ging der letzte Karolinasittich im Zoo von Cincinnati ein.

Ein äußerlich dem Wolf gleichendes, räuberisch lebendes Beuteltier ist der Beutelwolf (Thylacinus cynocephalus) Tasmaniens (Abb. 26). Bei den Farmern ist der Beutelwolf als Hühnerdieb

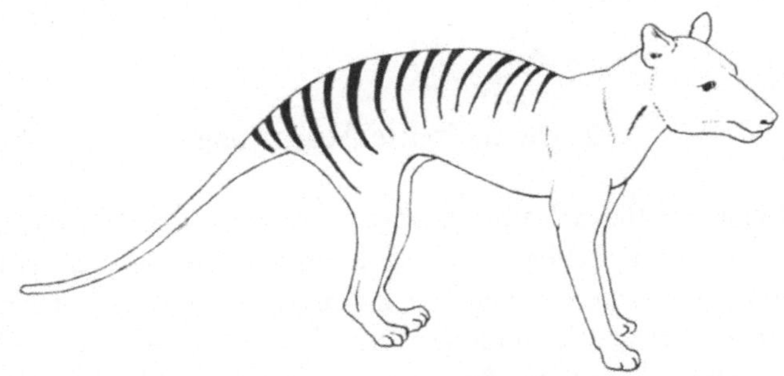

Abb. 26. Tasmanischer Beutelwolf

verschrien. Er wurde deswegen mit Gift und Schrot dermaßen verfolgt, daß seit Jahrzehnten keine Augenzeugenberichte von ihm vorliegen und wir annehmen müssen, daß er ausgerottet ist.

Tiere werden aber auch bekämpft, wenn man ihnen eine Rolle bei der Übertragung gefährlicher Krankheiten zuschreibt. So hielt man in Südrhodesien die wildlebenden Huftiere für die wichtigsten Zwischenwirte des Erregers der Schlafkrankheit und der Nagana-Viehseuche. Man beschloß deshalb, zum Schutz von Mensch und Haustier wildleere Zonen zu schaffen und rottete im Rahmen dieser Aktion nahezu eine halbe Million Zebras, Antilopen und Gazellen aus. Der Massenmord erwies sich als völlig sinnlos, da man später herausfand, daß auch Kleinsäuger und Vögel die Krankheit an die Tsetsefliege weitergeben können.

Die direkte Bedrohung von Tierarten durch den Menschen abzuwenden, scheint die einfachste und naheliegendste Naturschutzaufgabe zu sein, da zur Abklärung von Ursache und Wirkung dieser Bedrohungen keine langwierigen Grundlagenforschungen angestellt werden müssen. Vernünftige Schutzbestimmungen, wirksame Maßnahmen zur Einhaltung dieser Bestimmungen und vor allem viel Aufklärungsarbeit bei Völkern und Regierungen würden es ermöglichen, daß keine weiteren Tierarten mehr direkt durch den Menschen ausgerottet werden. Dabei geht es nie darum, dem Menschen sein natürliches Recht auf eine vernünftige Nutzung der Tierbestände der Erde abzusprechen. Nur soll die Nutzung immer so erfolgen, daß der Tierbestand erhalten bleibt. Daß dies sehr wohl möglich ist und bereits mit Erfolg betrieben wird, werde ich in einem späteren Kapitel zeigen.

2. Die indirekte Ausrottung

Wenn eine Tierart ausstirbt, weil ihre natürliche Umwelt mittelbar oder unmittelbar durch Einwirkung des Menschen verändert wurde, sprechen wir von indirekter Ausrottung. Diese indirekte Ausrottung ist noch viel verhängnisvoller als die direkte, denn einmal ausgelöste Biotopveränderungen sind kaum mehr korrigierbar und wirken sich meistens nicht nur auf eine Tierart, sondern oft auf sämtliche Lebewesen aus, die den betreffenden Lebensraum bewohnen. Am Ende aber treffen solch unüberlegte Eingriffe immer den Menschen selbst.

Ein solcher Eingriff ist die zunehmende Zerstörung der natürlichen Pflanzendecke, vor allem die Rodung der Wälder. Eines der eindrücklichsten Beispiele erlebte man in den Vereinigten Staaten. Noch vor wenigen Jahren bedeckten endlose Weizenmeere und Maisfelder den Mittleren Westen, während sich im Osten riesige Baumwollkulturen ausbreiteten. Heute sind mehr als 1,2 Millionen Quadratkilometer besten Ackerlandes versteppt oder verkarstet, und mehr als 50 000 Baumwollplantagen mußten aufgegeben werden, weil die Humusdecke des Bodens weggeschwemmt worden war. Wie konnte es soweit kommen?

Noch um 1600, bevor der weiße Mann das Land in Besitz nahm, war der feuchte Osten der Vereinigten Staaten mit undurchdringlichen Wäldern von 1,7 Millionen Quadratkilometern Ausdehnung bedeckt; ihnen schlossen sich im Westen die endlosen Grasebenen, die Prärien, an. Im 17. und 18. Jahrhundert rodeten Pioniere die Wälder im Osten fast vollständig, so daß nur noch 76 000 Quadratkilometer Wald übrig blieben. Die weiten Ebenen im Mittleren Westen aber wurden in Äcker umgewandelt und die restlichen Gebiete mit gewaltigen Viehherden bestoßen. Um

Abb. 27. Karte der Vereinigten Staaten. Punktierte Fläche: ehemalige Ausdehnung der Wälder; schwarze Flächen: Gebiete mit sehr starker Bodenzerstörung durch Erosion und Sandverwehung. Nach BERNHARD und GUTERSOHN, 1956

den allmählich sich erschöpfenden Boden zu düngen, legte man Grasbrände, welche die restliche natürliche Vegetation zerstörten. Die Viehherden ihrerseits fraßen die Grasdecke kahl. Ohne schützende Pflanzendecke aber trocknet der Boden aus, und Wind und Wetter können ihre unheilvolle Arbeit beginnen. Seit 1930 werden die Gras- und Ackerbaugebiete des Mittleren Westens von fürchterlichen Sandstürmen heimgesucht. Die ausgetrocknete Erde wird in die Luft gewirbelt, meilenweit verfrachtet und auf anderen Anbaugebieten wieder abgelagert. So verarmten ausgedehnte Zonen, und die USA erlitten gewaltige wirtschaftliche Schäden (Abb. 27).

Dem Osten aber, wo sich an Stelle der Wälder unabsehbare Baumwollfelder ausdehnten, wie z. B. im Appalachenvorland, wurde das Wasser zum Verhängnis. Der nicht mehr durch die Baumwurzeln des Waldes zusammengehaltene Humus wurde durch heftige Regengüsse fortgeschwemmt, so daß zuletzt der kahle Fels anstand. Heute ist dieser Fels bereits von tiefen Karstrinnen zerfressen. Wo einst üppige Wälder und später reiche Baumwollkulturen sich ausdehnten, liegt heute eine kahle Felswüste. In Carolina wurden allein 11 Stauseen mit weggeschwemmtem Erdreich aufgefüllt, und zahlreiche Flußläufe sind aus dem gleichen Grund für die Schiffahrt unbrauchbar geworden.

Wir müssen jedoch nicht nach Amerika fahren, um die grauenhaften Folgen der Waldzerstörung zu erleben. Wer je die kahlen, verkarsteten Felslandschaften in Spanien, Südfrankreich, Italien, Griechenland und der Türkei gesehen hat, kann sich kaum vorstellen, daß diese Gebiete einst mit Wald bedeckt waren. Die starke Nachfrage nach Holz für den Schiffsbau und die waldzerstörende Wirkung weidenden Viehs haben diesen Wald zum Teil schon während des Altertums vernichtet und bereits damals die Grundlage für die landwirtschaftliche Armut dieser Gebiete gelegt.

Wo der Mensch also unüberlegt den Wald schlägt, schlägt er in erster Linie sich selbst (Abb. 28), aber er vernichtet auch die Lebensstätte der spezifischen Waldtiere. Auf Madagaskar, das einst ganz mit Wald bedeckt war, wurde der Wald zu vier Fünfteln gerodet. Damit droht der gesamten hochinteressanten Inseltierwelt der Untergang (Abb. 29).

Entlang der Pazifikküste Zentralamerikas erstreckte sich einst
ein geschlossener Urwaldgürtel. Heute ist er nur noch auf der
Halbinsel Nicoya von Costa Rica erhalten. Er ist der letzte Zu-
fluchtsort des früher weit verbreiteten Klammeraffen (Ateles
geoffroy frontatus).

Die großen Wälder im Osten der Vereinigten Staaten wimmel-
ten einst von einer reichhaltigen Tierwelt. Wildtruthähne (Melea-
gris gallopavo silvestris) (Abb. 30) und Kupidohuhn (Tympanuchus cupido cupido) waren derart häufig, daß sich das Dienst-

Abb. 28. Beispiele von Waldzerstörung und Bodenerosion in Ostafrika.
a) Der unverfälschte Urwald ist ein für das Klima und die Bodenbeschaffenheit einer
Region maßgebender Faktor.

Abb. 28 b—d. b) Der Urwald wird gerodet und der gewonnene Boden mit Pflanzungen belegt. Ist der Boden erschöpft, wird er sich selbst überlassen. Entweder entsteht der öde Sekundärwald oder das Gebiet versteppt.

c) Zur Regenzeit ist das von Bäumen entblößte Erdreich schutzlos der Gewalt des Wassers preisgegeben.

d) Das Ende vom Lied: Ganze Landschaften verkarsten und werden zur Wüste. Aufn. Kenya Information Dept./World Wildlife Fund

Abb. 28 c

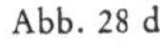

Abb. 28 d

Abb. 29. a) Die heutige Ausdehnung der Wälder (schwarz) in Madagaskar. Die Insel war früher total mit Wald bedeckt. b) Das Fingertier, der seltenste der waldbewohnenden Halbaffen Madagaskars

personal beklagte, weil ihm dieses Wildbret zu oft vorgesetzt wurde. Wapitihirsch und Virginiahirsch, Beutetiere des Ostamerikanischen Pumas (Puma concolor couguar), hatten hier ihren

Lebensraum. Heute sind die östliche Rasse des Wapiti (Cervus canadensis merriami) und des Pumas sowie das große Kupidohuhn ausgerottet; Wildtruthahn und Virginiahirsch (Odocoileus virginianus) sind zu nationalen Seltenheiten geworden. Verzweifelte Anstrengungen werden gegenwärtig unternommen, um den Elfenbeinschnabel (Campephilus principalis) (Abb. 31), einen großen Specht, zu erhalten. Es gibt nur noch wenige Exemplare dieses

Abb. 30. Wildtruthahn. del. J. J. AUDUBON

Vogels, und da er zur Anlage seiner Nisthöhlen auf natürliche Waldungen angewiesen ist, ist es fraglich, ob nicht auch er aussterben wird. Wie beschränkt die Waldgebiete in den USA geworden sind, belegt ein anderer Vogel, der kaum sperlingsgroße Kirtland's Waldsänger (Dendroica kirtlandii). Er überlebt in weniger als 1000 Exemplaren in einem sehr kleinen Waldgebiet in Michigan.

Abb. 31. Elfenbeinschnäbel. del. J. J. Audubon

In mehreren mitteleuropäischen Ländern hat man die enorme Bedeutung der Wälder für den Naturhaushalt und für das Gedeihen des Menschen rechtzeitig erkannt und für wirksame Forstgesetze gesorgt. In anderen Gebieten unserer Erde aber, vor allem in Tropenzonen, wird der Wald weiterhin systematisch und mit großem Einsatz gerodet. Dabei erwiesen sich gerade die Rodungen von Tropenurwäldern als wenig lohnend, da die Urwaldböden keineswegs so fruchtbar sind, wie man es erwarten könnte. Vielmehr erschöpfen sich diese Böden recht bald, wenn sie im Feldbau genutzt werden. Schon nach wenigen Jahren muß der Pionier das Rodungsland aufgeben und seine Pflanzungen weiter in den Wald hinein verlegen. Die verlassenen Pflanzungen werden nicht mehr von eigentlichem Urwald bedeckt, sondern es entsteht dort der eintönige Sekundärwald, der von einer relativ artenarmen Tierwelt belebt wird. In Südamerika werden die gewonnenen Rodungsgebiete meistens mit Kaffeeplantagen belegt, die nach eintretender Ermüdung des Bodens einfach aufgegeben werden. In der Folge trocknet der Boden aus, und es entsteht so die Kaffeewüste, unproduktives, zerstörtes Land, das manche südamerikanische Stadt in einem Umkreis von vielen Kilometern umgibt.

Eine moderne Möglichkeit der Vegetationszerstörung stellt die chemische Unkrautvergiftung dar. Von Flugzeugen aus besprüht man ein Gebiet mit Pflanzengiften, die bestimmte unliebsame Pflanzenarten vernichten sollen. Mit einer solchen Aktion möchten die Amerikaner die Sagebrush-Steppe im Westen in ein Weideland für Vieh verwandeln. Die Charakterpflanze dieser wasserarmen Hochsteppen ist der Wermutbusch. Man will ihn mit spezifischen Sprühgiften bekämpfen und hofft, damit eine einheitliche Nutzgrasnarbe zu erhalten. Mit solchen Großaktionen vernichtet man wiederum eine ganze Lebensgemeinschaft. Da kein Pflanzengift dermaßen spezifisch wirkt, daß es nur eine Pflanzenart schädigt, wird die natürliche Vegetation weitgehend zerstört. Zahlreiche Insektenarten, aber auch die an das Leben in diesen Steppen angepaßte Gabelantilope (Antilocapra americana) und das Wermuthuhn (Centrocercus urophasianus) werden dadurch ihren Lebensraum verlieren. Zudem ist der Ausgang dieser Vergiftungsaktion höchst fraglich, denn die regenarme Sagebrushsteppe eignet sich wenig für den exklusiven Futtergrasanbau. Wenn man den

Wermutstrauch ausrottet, der mit seinen Wurzeln das kärgliche Erdreich zusammenhält, besteht die Gefahr, daß der Humus verweht wird und die Steppe, die man urbar machen wollte, schließlich zur Wüste wird.

Die Trockenlegung von Sumpf- und Riedgebieten

Sumpf- und Riedgebiete beherbergen spezifische Lebensgemeinschaften von Tieren und Pflanzen und spielen im Naturhaushalt eine wichtige Rolle als Feuchtigkeitsregulatoren. Der landhungrige Mensch sieht in diesen Gebieten nur unproduktive Zonen und, was nicht immer von der Hand zu weisen ist, Infektionsherde gefährlicher Krankheiten, wie des Sumpffiebers und der Malaria. Ein Opfer der Trockenlegungen ist in den Vereinigten Staaten der

Abb. 32. Schreikranich. Aufn. World Wildlife Fund

Abb. 33. Teich, eines der bedrohtesten Landschaftselemente in Mitteleuropa. Aufn. H. HEUSSER

Schreikranich (Grus americana) (Abb. 32) geworden, von dem kaum mehr drei Dutzend Tiere überleben. Ähnlich schlimm steht es um den Mandschurischen Kranich (Grus japonensis), der nur noch in zwei winzigen Populationen auf Hokkaido in Japan und am Chankasee bei Wladiwostok vorkommt.

In Mitteleuropa gibt es längst keine ausgedehnten Ried- und Moorlandschaften mehr; aber auch kleinere Riede, Moore, Weiher und Tümpel verschwinden in beängstigendem Maß (Abb. 33). Moore und Riedgebiete werden entwässert und urbar gemacht, oder man verlegt industrielle Anlagen und Autobahnen in solche „unproduktive" Zonen. Tümpel und Weiher dienen als Kehricht-deponie, oder sie müssen den überall anfallenden Bauschutt (Abb. 34) aufnehmen und werden so planiert. Mit jedem Weiher

Abb. 34. Ein alltägliches Bild: Ein Teich wird mit Bauschutt aufgefüllt. Damit geht jedes-mal eine mannigfache Kleinlebewelt verloren. Aufn. H. HEUSSER

und jedem noch so kleinen Ried jedoch büßt eine Landschaft Wesentliches ein, und eine ganze Welt von Kleinlebewesen ver-liert dazu ihren Lebensraum.

Besonders schlimm geht es in dieser Hinsicht unseren Fröschen, Kröten, Molchen und Salamandern. Diese Amphibien sind ans

Wasser gebunden, da ihre Jungen, die Kaulquappen, am Anfang ihrer Entwicklung nur im Wasser leben können. Dazu kommt, daß sie weniger in Flüssen oder großen Seen laichen, sondern die ruhigen Kleingewässer vorziehen. Sie sind nicht anpassungsfähig in bezug auf Biotopveränderung, daß sie etwa andere Gewässer aufsuchen würden, wenn ihr angestammter Brutteich zerstört wird. Wird irgendein Tümpel aufgefüllt, so erscheinen trotzdem im nächsten Frühjahr die Frösche und Kröten aus der Umgebung und streben dem Ort zu, wo früher ihr Brutteich stand. Selbstverständlich kommt es nicht mehr zu einer Fortpflanzung. Führt zufällig eine neue Straße über den ehemaligen Brutteich, so werden die Tiere an dieser Stelle zu Tausenden überfahren.

Die Gewässerzerstörung

Das Wasser ist einer der wichtigsten Naturstoffe, ohne den weder die Pflanzen, noch die Tiere, noch die Menschen existieren können. Wo der Mensch das Wasser schädigt, muß er es bitter büßen. Trinkwasservergiftungen, Badekrankheiten, Grundwassersenkungen mit Versteppung der umliegenden Gebiete, Fischereiausfälle und vieles andere sind die Folgen. Wir wollen uns jedoch nicht mit diesen Folgen für den Menschen, sondern einzig mit der Veränderung der Lebewelt in den Gewässern beschäftigen.

Tiefgreifende Flußkorrektionen, Wasserverbauungen, Stauwehre sperren heute dem Lachs (Salmo salar), einem der wertvollsten Speisefische, den Zutritt zu den europäischen Binnengewässern. Dieser bis anderthalb Meter lange Fisch steigt vom Meer in die Binnengewässer auf um zu laichen. Noch vor hundert Jahren fing man ihn bei Basel in so großer Zahl, daß man ein Gesetz erließ, welches anordnete, daß den Dienstboten nicht mehr als zweimal in der Woche Lachsgerichte vorgesetzt werden dürfen. Heute ist ein Lachsfang im Hochrhein eine Sensation, aber auch im unteren Rheinlauf sind Lachsfänge selten geworden. Sämtliche einst bedeutenden Lachsverarbeitungsbetriebe in Holland sind eingegangen.

Eine entgegengesetzte Wanderung zum Lachs führt der Aal (Anguilla anguilla) aus. Der Aal lebt vorwiegend im Süßwasser und begibt sich erst am Ende seines Lebens hinunter ins Meer, um dort zu laichen. Die Jungaale steigen dann wieder in die Flüsse auf. Früher gelangte der Aal bis an den Alpenrand, heute gelingt es nurmehr wenigen Jungaalen, die zahlreichen künstlichen Hindernisse in den Flüssen zu überwinden.

Noch schlimmer als die Flußverbauungen wirkt sich die zunehmende Verschmutzung der Gewässer aus. In Mitteleuropa sind zahlreiche Gewässer zu stinkigen Kloaken geworden, ein lebensfeindliches Element für die angestammte Tier- und Pflanzenwelt. Grobe Verschmutzungen, Kehrichtablagerungen, Altstoffdeponien verschandeln manches Ufer. Chemische Abwässer von Industrieanlagen verändern den Salzgehalt des Wassers und beeinflussen seinen Lebenshaushalt. Der Rhein allein führt jeden Tag 25 000 Tonnen Industriesalze dem Meer zu. Täglich erscheinen in irgendeiner Zeitung Mitteleuropas Meldungen von großen Fischsterben, wobei oft ganze Gewässersysteme betroffen werden. Siebzig Prozent der europäischen Haushaltabwässer fließen noch ungeklärt in Seen und Flüsse. Die einst glasklaren, sauerstoffreichen Alpenrandseen werden von solchen Abwässern eigentlich gedüngt. Bestimmte niedere Pflanzen, wie z. B. Blaualgen, erleben dadurch eine ungeheure Massenvermehrung, so daß die erkrankten Seen zu bestimmten Zeiten mit einem dichten, mißfarbenen Algenteppich (Abb. 35) bedeckt sind. Die abgestorbenen Algenorganismen sinken ab und bedecken den Seegrund mit Faulschlamm. Der Sauerstoffgehalt mittlerer und tiefer Seeschichten nimmt besonders zur Sommerszeit rapid ab und verhindert dadurch die Weiterexistenz zahlreicher sauerstoffbedürftiger Organismen, wie vieler Kleinkrebse, aber auch sämtlicher Edelfische. Die Charakterfische der Alpenrandseen, die Felchen (Coregonus), Seesaiblinge (Salmo alpinus) und die Seeforellen (Salmo trutta), einige der feinsten Speisefische, nehmen von Jahr zu Jahr ab; einige Felchenarten sind bereits total verschwunden. Stellenweise ist auch der Flußkrebs selten geworden.

Nicht nur Binnengewässer dienen als Ablageort für Abfälle, auch das Meer muß als Kehrichteimer herhalten. So pflegen die Hochseeschiffe verbrauchtes Motorenöl einfach ins Meer abzulassen. Dieses verteilt sich zu einem feinen Ölfilm über die Wasseroberfläche und gelangt mit der Zeit in Küstennähe. Wasservögel, die mit dem Öl in Berührung kommen, verschmutzen ihr Gefieder.

Dieses wird dadurch wasserdurchlässig, und der Vogel muß an
Land gehen, wenn er nicht versinken will. Am Land verhungert
der verölte Seevogel elendiglich, oder er geht an Erkältung zugrunde. Viele vergiften sich zudem, wenn sie versuchen, mit dem
Schnabel ihr veröltes Gefieder zu reinigen. Ganze Küstenstriche
sind heute von der Ölpest bedroht, und Hunderttausende von

Abb. 35. Algenbildung, Anzeichen hochgradiger Wasserverschmutzung. Aufn. Hochbauamt
Zürich

Seevögeln fallen alljährlich dieser menschlichen Nachlässigkeit zum
Opfer. Als 1959 der amerikanische Dampfer Armonk im Bereich
der Wesermündung 360 Tonnen Öl abließ, verendeten mindestens
15 000 Wasservögel, darunter 8000 Krickenten und 1000 Gänse-
säger. Allein auf einer Küstenstrecke von 14 Kilometern sammelte
man 10 000 Vogelkadaver.

Die Verunreinigung der Luft

Die Luftverunreinigung durch Industriegase und Verbrennungs-
produkte motorischer Treibstoffe beschäftigt seit einigen Jahren
die Hygieniker. Bis jetzt sind allerdings noch keine Fälle bekannt

geworden, wo Wildtierarten durch solche Abgase ernsthaft bedroht worden wären. Wahrscheinlich wirken solche Abgase vorderhand vor allem in Industrie- und Stadtzonen, so daß der Wildtierbestand bis jetzt weniger gefährdet ist. Daß solche Abgase den tierischen Organismus natürlich ebenso schädigen wie den menschlichen, beweist der kranke Viehbestand im schweizerischen Fricktal. Diese Gegend ist den fluorhaltigen Abgasen einer benachbarten Aluminium-Industrie ausgesetzt, was schwere Erkrankungen bei Rindern hervorruft.

Radioaktive Bestrahlung

Radioaktive Bestrahlung, die eine bestimmte kritische Intensität erreicht, schädigt jeden Organismus. In der Folge von Atombombenversuchen im Pazifik sind ganze Populationen von Seevögeln unfruchtbar geworden, und welch ungeheuren Tribut an tierischem Leben die Unterwasser-Kernexperimente forderten, kann man nur ahnen. Die Auswirkungen der bisher über 250 überirdischen Atomexplosionen auf das Leben der Erde sind noch nicht überschaubar und auch noch nicht beendigt. Bei jeder Kernexplosion entstehen bekanntlich Teilchen, die ihre Radioaktivität zum Teil erst nach Jahrzehnten verlieren, und die nur allmählich auf die Erde niedersinken. 10 Jahre nach einer überirdischen Explosion haben erst die Hälfte dieser radioaktiven Partikel die Erde erreicht. Der radioaktive Niederschlag (fall-out) verteilt sich so allmählich über die ganze Erde. Viele der auf die Erde gelangten Teilchen werden von Pflanzen, Tieren und Menschen aufgenommen und in ihren Zellen eingelagert. Das gefährlichste Element, das radioaktive Strontium 90, wird beispielsweise für den Aufbau von Knochensubstanz verwendet, und jeder nach 1961 geborene Vogel und jedes Säugetier, aber auch jedes Kleinkind baut in seine Knochen durchschnittlich eine zehnmal höhere Dosis radioaktives Strontium ein, als je ein Individuum, das vor 1945 geboren wurde, besaß. Die Wirkung der Atomexperimente auf die heutigen und zukünftigen Organismen läßt sich noch nicht in ihrer vollen Tragweite erfassen. Sicher aber ist, daß mit der Explosion der ersten Atombombe vom 16. Juli 1945 in der Wüste von Neu-Mexiko eine Gefahrenquelle für sämtliche Organismen unserer

Erde entstand, die mit allen in ihr eingeschlossenen Möglichkeiten und Konsequenzen jede andere Art Gefährdung des Lebens in den Schatten stellt.

Das Tier als Opfer des Verkehrs

In allen zivilisierten Ländern wird der tierische Lebensraum von einem dichten Netz von Verkehrswegen, wie Autostraßen, Schienenwegen und Flugzeugpisten durchschnitten. Da sich viele Tierformen auch nach längerer Zeit nicht an solche Eingriffe in ihren Lebensraum gewöhnen, sind die Verluste durch Verkehrstod entsprechend hoch.

Der Däne LINDHARD HANSEN suchte im Jahre 1957 während zwölf Monaten regelmäßig bestimmte Straßenabschnitte nach tierischen Verkehrsopfern ab. Er kam dabei auf folgende Verluste für die einzelnen Tierarten pro Jahr und 1000 km Straßenlänge:

Tiergruppen	Hauptstraßen	Landstraßen	Nebenstraßen
Hasen	3 014	2 720	600
Igel	5 377	9 345	1 103
Ratten	11 557	7 198	544
Kleinsäuger . . .	27 824	22 821	15 994
Vögel	111 728	67 010	15 469
Amphibien	32 820	54 659	95 610

Diese Zahlen dürften in andern europäischen Ländern nicht wesentlich verschieden sein. So erschreckend hoch sie uns erscheinen, glaube ich nicht, daß der Verkehr allein eine Tierart ausrotten kann, mit Ausnahme des Igels. Dieses urtümliche Tier mit seiner geringen Anpassungsfähigkeit an neue Verhältnisse vermag wahrscheinlich die durch den Verkehr erfolgten Bestandesverluste nicht auszugleichen.

Haustierkrankheiten

Eine große Gefahr für Wildtiere bedeuten die Haustierkrankheiten. Für bereits verminderte Bestände von Tieren kann eine Seuche den sicheren Arttod bedeuten. Der Ausbruch der Maul- und Klauenseuche im Wohngebiet der letzten Arabischen Oryxantilopen oder in einem Wisentgehege könnte diese Tierarten dem Arttod preisgeben. In Neuseeland sind heute mehrere Vogelarten, darunter der Eulenpapagei (Strigops habroptilus), der Schwarze Honigfresser (Anthornis melanura) und der Sattelrücken (Philesturnus carunculatus) durch eingeschleppte Vogelkrankheiten, vor allem die Vogelmalaria, bedroht.

Der Indische Halbesel (Equus hemionus khur) (Abb. 36) bewohnte einst die ausgedehnten Steppengebiete von Nordwest-

Abb. 36. Indische Halbesel. Aufn. E. P. GEE/World Wildlife Fund

indien bis nach Persien. Die zunehmende Beanspruchung seines Wohnraumes durch den Menschen verringerte seinen Bestand bis auf 800 Exemplare. Dieser Rest nun ist dauernd bedroht durch Haustierkrankheiten, die die Esel im Kontakt mit den im gleichen Lebensgebiet weidenden Haustieren befallen können. 1958 und 1960 dezimierte eine Epidemie der Surra-Krankheit den Bestand, 1961 forderte die gefürchtete Südafrikanische Pferdekrankheit ihre Opfer. Der Indische Wildesel läßt sich wahrscheinlich nur erhalten, wenn es gelingt, wirksame Gesundheitskontrollen und Impfaktionen bei allen mit den Esel in Berührung kommenden Haustieren durchzuführen.

Es sind aber auch Beispiele bekannt, daß der Mensch absichtlich Tierkrankheiten unter Wildtieren verbreitete, um diese zu bekämpfen. Solche Maßnahmen führen immer zu Katastrophen.

1952 infizierte der französische Arzt A. Delille in seinem Garten sich unangenehm bemerkbar machende Kaninchen mit der Myxomatosekrankheit. Die Myxomatose verbreitete sich darauf epidemieartig und brachte den ganzen Kaninchenbestand Frankreichs und Westdeutschlands auf erbärmliche Weise um. Man schätzte, daß die verwerflichen Maßnahmen Delilles rund zehn Millionen Wildkaninchen das Leben kosteten, ganz abgesehen von den Schäden, welche die Kaninchenzüchter erlitten.

Tiere als indirekte Opfer von Vergiftungsaktionen

Mit Giften verschiedenster Art bekämpft der Mensch tierische Schädlinge, die ihn um den Ertrag seiner Ernten zu bringen drohen, und die Tatsache, daß heute noch mehr als die Hälfte der Menschheit Hunger leidet, muß uns ein gewisses Verständnis für solche Maßnahmen abnötigen. Anderseits haben Vergiftungsaktionen ein derartiges Maß angenommen, daß wir mit Berechtigung besorgt sind wegen der verschiedensten Nebenwirkungen. Rund 300 000 000 kg Schädlingsbekämpfungsmittel werden jährlich auf die Erde gestreut oder gesprüht. Die meisten dieser Mittel wirken nicht nur spezifisch auf eine einzige Schädlingsart, sondern sie sind in der Regel auch hoch giftig für andere Lebewesen. Winzige Dosen der bekannten Insektizide können auch für den Menschen gefährlich sein. Eine besondere Gefährdung bedeuten diese Mittel für die natürlichen Feinde der zu bekämpfenden Schädlinge. Raubvögel, welche vergiftete Mäuse fressen, Kleinvögel, welche vergiftete Insekten auflesen, gehen jämmerlich zugrunde. Da die Vergiftungsaktionen in der Regel von Flugzeugen über große Flächen ausgedehnt werden, sind die Verlust unter der Tierwelt oft ungeheuer hoch.

Faunenfälschung

Unter Faunenfälschung verstehen wir die Einführung fremder Tierarten in ein Gebiet, das vorher nicht von diesen Tieren bewohnt war. Faunenfälschung kann bewußt oder unbewußt erfolgen.

Der treueste Begleiter des Menschen ist die Ratte. Als Schiffsratte folgt sie ihm in alle Erdteile und auf jede noch so abgelegene

Insel. Sobald es Land erreicht hat, macht sich dieses besonders anpassungsfähige Tier auf Kosten der einheimischen Tierwelt breit. In erster Linie bedroht sind die Eier und die Jungen boden- und höhlenbrütender Vögel, Kleinsäugetiere, Eidechsen und Lurche. Die Ratte ist an der Ausrottung von mindestens 9 inselbewohnenden Rallenarten, Verwandten unserer Bläßhühner, beteiligt.

Verwilderte Haustiere sind nicht minder gefährlich als Ratten. So bedrohen verwilderte Hausschweine die Bodenfauna mancher Tropeninsel. Der Kagu (Rhinochetos jubatus) (Abb. 37), ein flug-

Abb. 37. Der bussardgroße Kagu und sein Wohngebiet in Neukaledonien (im Kreis)

unfähiger Verwandter der Kraniche auf Neukaledonien, existiert heute infolge Bedrohung seiner Bodengelege durch verwilderte Hausschweine und Haushunde nur noch in wenigen Exemplaren.

Womöglich noch gefährlicher als die Schweine sind verwilderte Hunde und Katzen. Wo sie ihr Unwesen treiben, sind ganze Faunen bedroht, so auf den Auckland-Inseln und auf Hawaii.

Die schlimmsten verwilderten Haustiere aber sind meines Erachtens die Ziegen. Diese gefräßigen Tiere sind die ärgsten Vegetationszerstörer. Mit ihrer Vorliebe für junge Pflanzenschosse verhindern sie die natürliche Verjüngung des Waldes und können im

Laufe der Zeite eine Waldvegetation in eine Steppe verwandeln. So haben Ziegen den Vegetationscharakter großer Landschaften zerstört und ihre Fauna indirekt vernichtet. Ganzen Inseln droht heute dieses Schicksal, so den Galapagosinseln mit ihrer bemerkenswerten Fauna, der Kusaie-Insel und Tristan da Cunha im südlichen Atlantik.

Zahllos sind die Fälle, wo der Mensch absichtlich Tiere in ein neu entdecktes Gebiet einführte. Fast immer endeten solche Versuche mit einer Katastrophe für die ursprüngliche Fauna, oder sie mißlangen.

1820 wurden in Australien Kaninchen ausgesetzt. Da diese Tiere im Land der Beuteltiere keine natürlichen Feinde vorfanden, vermehrten sie sich bald millionenfach und wurden zu einer wahren Landplage. Um sie zu bekämpfen, setzte man später Füchse aus Europa aus. Die Füchse hielten sich aber nicht, wie vorgesehen, an die flinken Kaninchen, sondern sie stellten den wehrlosen Beuteltieren nach. Der Fuchs hat zusammen mit verwilderten Hauskatzen und Hunden bereits neun Beuteltierformen Australiens ausgerottet, und 14 weitere sind unmittelbar bedroht (Abb. 38).

Auf mehreren westindischen Inseln setzte man zur Bekämpfung der Ratten und Schlangen Mungos und Mangusten aus. Diese kleinen Schleichkatzen vernichteten innert kurzer Zeit die ganze Bodenfauna, so auf Jamaica. Die anpassungsfähigen Ratten aber, um deretwillen man die Räuber eingeführt hatte, entzogen sich der Gefahr, indem sie sich auf das Baumleben spezialisierten und ihrerseits die baumbrütenden Vogelarten verfolgten. Nachdem die Mungos die natürliche Bodentierwelt ihres neuen Lebensraumes vernichtet hatten, begannen sie den Haushühnern der Eingeborenen nachzustellen. Sie sind heute zur Landplage geworden.

Auf der St. Christopher-Insel wurde eine kleine Finkenart sogar durch eine eingeführte Affenform (Cercopithecus aethiops) ausgerottet.

Das klassische Land der Faunenfälschungen aber ist Neuseeland. Die in einer gemäßigten Klimazone liegenden Inseln wurden intensiv von Europäern kolonisiert, und im Laufe der Zeit wurden alle denkbaren Arten von Tieren eingeführt, teilweise als Jagdwild, teilweise aus unüberlegter Spielerei. Zehn verschiedene Hirscharten, Lamas, Zebras, Gnus, Blauschafe, Gemsen, Stein-

böcke, Nilgauantilopen, Känguruhs, Waschbären, Wiesel, Feld-
hasen, Kaninchen und Igel, aber auch zahlreiche Vögel, wie
Kanadagänse, Schwarzer und Weißer Schwan, Stockenten, Stein-
kauz, Jagdfasan, Virginiawachtel, Zwergwachtel, Schopfwachtel,

Abb. 38. Einige besonders bedrohte Beuteltierformen Australiens. Oben links: Tüpfel-
beutelmarder; oben rechts: Rattenkänguruh; Mitte: Beutelspitzmaus; unten links: Kletter-
beutler; unten rechts: Bänderkänguruh

Steinhuhn, Pfau, Perlhuhn, Truthuhn, Felsentauben, Lachtauben
und zahlreiche Singvögel wurden eingebürgert. Daß eine derartige
Faunenfälschung verheerende Folgen für die einheimische Vegetation, aber auch für die ursprüngliche Tierwelt Neuseelands haben
mußte, ist klar. So sind denn in diesem Inselgebiet seit seiner
Besiedlung durch die Weißen mindestens zwei Dutzend Vogelformen ausgerottet worden, andere wie das gänsegroße Riesen-

bläßhuhn (Notornis) (Abb. 39) überleben nur noch in winzigen Reliktbeständen.

3. Lokale Ausrottung

In den vorhergehenden Kapiteln befaßten wir uns in erster Linie mit Tierformen, die gesamthaft ausgerottet wurden oder in ihrem Gesamtbestand bedroht sind. Daneben gibt es eine lokale Ausrottung, bei der nicht ganze Tierarten, aber immerhin die Bestände bestimmter Gegenden ausgerottet werden.

Lokale Ausrottung ist besonders für Europa typisch. Hier sind zahlreiche Tierarten verschwunden, die im benachbarten asiatischen Hinterland weiter existieren. Diese Erscheinung hängt mit der geographischen Lage Europas zusammen. Geographisch ge-

Abb. 39. Die gänsegroße Riesenralle Notornis aus Neuseeland

sehen ist unser Erdteil eine Halbinsel des Riesenkontinentes Asien. Nur wenige Tierarten sind deshalb in ihrem Verbreitungsgebiet ausschließlich auf das dicht besiedelte Europa beschränkt; die meisten hier lebenden Arten sind auch in Asien verbreitet und haben dort mehr Überlebenschancen.

Die Besiedlungs- und Zivilisationsgeschichte Europas ist zugleich die Ausrottungsgeschichte für manchen lokalen Tierbestand. Europa war während der Eiszeiten von Menschen bewohnt, die sich schon vor 300 000 Jahren nachweisen lassen. Mehrere Tierformen aus der vorangegangenen Tertiärzeit, wie Säbelzahntiger, Mammut, Wollhaarnashorn, Riesenhirsch, Höhlenlöwe, Höhlenbär und Höhlenhyäne gehörten zu den Begleitern dieser altsteinzeitlichen Menschenformen. Alle diese Tierformen überlebten aber die Eiszeit nicht. Nach dem Abklingen der letzten Eiszeit dehnten sich entlang des Vergletscherungsrandes große Tundren- und Steppenzonen aus, die von Rentieren und Wildpferden belebt waren. Später bedeckte ein dichter Wald ganz Europa. Nur Seen und

a)

b)

Abb. 40. Die europäischen Großraubtiere. a) Bär, b) Luchs. Archivbild Schweiz. Bund für Naturschutz

Moore bildeten waldfreie Zonen. In diesen Wäldern lebten bereits die Tierformen der heutigen europäischen Fauna, vermehrt um die Großwildarten Elch (Alces alces), Ur (Bos primigenius), Wisent (Bison bonasus), Wildpferd (Equus caballus ferus), Braunbär (Ursus arctos) (Abb. 40 a), Wolf (Canis lupus) und Luchs (Lynx lynx) (Abb. 40 b). In Griechenland gab es noch vor 2000 Jahren Löwen. Die genannten Tiere bildeten das Jagdwild des jungsteinzeitlichen Menschen, der etwa vor 4000 Jahren seßhaft wurde. Er begann den Wald zu roden, betrieb Ackerbau und Viehzucht.

Im Mittelmeerraum setzte unter dem Einfluß nah- und mittelöstlicher Hochkulturen die Zivilisation ein. Am nördlichen Ufer des Mittelmeers entstanden phönizische Handelsniederlassungen, die später von den Griechen weitergeführt wurden. Griechenland wurde von der römischen Weltmacht abgelöst; unter deren Einfluß erhielt die mediterrane Landschaft weitgehend ihre heutige Prägung, gekennzeichnet durch Waldarmut und der daraus resultierenden Bodenverödung. Große Teile des europäischen Hinterlandes nördlich der Alpen blieben jedoch Waldländer, obwohl die römischen Kolonisatoren von Süden her tiefe Rodungsbreschen in dieses Gebiet schlugen. Tausend Jahre n. Chr. lebte in diesen Wäldern noch die ganze nacheiszeitliche Großtierwelt. So sind in den Tischgebetformeln des St. Gallermönchs Ekkehard IV (980—1060) Wisent und Ur als Wildbret erwähnt.

Im Zeitalter der mittelalterlichen Städtegründungen wurde der Wald vermehrt gerodet, der Ackerbau gefördert. Ein wesentlicher Waldzerstörer war das Vieh, das man bis in die Neuzeit hinein in den Wäldern weiden ließ. Die Stallhaltung und die saubere Trennung von Weide und Wald sind eine Errungenschaft des 19. und 20. Jahrhunderts. Die schlimmsten Vegetationszerstörer aber waren die Schafe. In Spanien, wo die Schafhaltung zur Steigerung des Wollexports von Ferdinand und Isabella stark gefördert wurde, kam es in der Folge zu riesigen Landverwüstungen, die bis heute nicht mehr korrigiert werden konnten.

Gejagt wurde während des Mittelalters viel, so daß gewisse Wildarten bereits damals selten wurden. Als besondere Taten der Menschlichkeit betrachtete man die Vernichtung der Raubtiere. Wo immer ein Wolf auftauchte, wurde der Dorfbann aufgeboten

und das Tier mit allen Mitteln bekämpft (Abb. 41). Am schlimmsten ging es jedoch jenen Tieren, deren Körperteilen eine Heilwirkung zugeschrieben wurde. Wie ich früher erwähnte, galt der
Steinbock als wandelnde Apotheke und war deshalb bereits im
18. Jahrhundert im ganzen Gebiet der Nordalpen ausgerottet. Von

Abb. 41. Wolfsjagd vor 400 Jahren. Zeitgenössische Darstellung

einem Drüsensekret des Bibers (Castor fiber), der einen großen
Teil seiner Zeit im Wasser verbringt, erhoffte man Heilung von
rheumatischen Beschwerden. Dieser Aberglaube hatte bereits im
18. Jahrhundert die Ausrottung des Bibers in Mitteleuropa zur
Folge.

Eine Zeit erhöhter Gefährdung begann mit der Einführung
der Feuerwaffen. Im 17. Jahrhundert starb der Ur (Abb. 42) aus.
Feuerwaffen und zunehmende Vernichtung seines Lebensraumes,
ausgedehnter Waldgebiete, haben zur totalen Ausrottung dieses
Tieres geführt. Im gleichen Jahrhundert verschwand der Waldrapp (Abb. 43), eine waldbewohnende, nah verwandte Form des
Schopfibis (Geronticus eremita). Der Wisent, das mächtigste Wild

Abb. 42. Erlegung eines Urs. Aus K. Gesner „Thierbuch", 1557

Abb. 43. Waldrapp. Aus K. Gesner „Thierbuch", 1557

Abb. 44. Bartgeier am Horst. Aus F. Tschudi, „Das Thierleben der Alpenwelt", 1875

rind, wurde aus Mitteleuropa verdrängt und konnte sich nur in Polen und Rußland in geringer Zahl halten.

Ständige Verbesserung der Jagdwaffen, Industrialisierung und rapide Zunahme der menschlichen Bevölkerung ließen im 19. Jahrhundert zahlreiche Tierbestände zusammenschrumpfen. Bär, Wolf und Luchs wurden aus Mitteleuropa vertrieben, der Bartgeier (Gypaëtus barbatus) (Abb. 44) starb im Alpengebiet aus, und der Steinadler (Aquila chrysaëtos) wurde recht selten. Wildschwein (Sus scropha) und Rothirsch (Cervus elaphus) verschwanden aus manchen Revieren, und vielerorts hatte sogar der Rehbestand bedenklich abgenommen. 1910 starb der Pyrenäensteinbock (Capra ibex pyrenaica) aus.

Zu Beginn dieses Jahrhunderts wurden die Wildkatze (Felis silvestris) (Abb. 45), der Fischotter (Lutra lutra) und der Uhu

Abb. 45. Wildkatze. Archivbild Schweiz. Bund für Naturschutz

(Bubo bubo) selten. Die endgültige Industrialisierung brachte eine ausgedehnte Landschaftszerstörung mit sich. Anderseits mehrte sich die Einsicht. Der Naturschutzgedanke und allgemeines Naturverständnis begannen wach zu werden, der Mensch wurde seiner Verantwortlichkeit der Natur gegenüber bewußt. Jagdgesetze wurden verbessert, Schongebiete geschaffen, und mit Energie machte man sich an die Wiedereinbürgerung ausgerotteter Tierformen. Der Alpensteinbock wurde mit Erfolg wieder in den Nordalpen eingesetzt; eine Gesellschaft nahm sich der letzten Reste des Wisents an und konnte den Bestand nach den beiden Weltkriegen wieder beachtlich vermehren. Steinadler und Uhu wurden in vielen Ländern geschützt und werden wieder häufiger, ebenso der selten gewordene Kolkrabe (Corvus corax). In verschiedenen Ländern versuchte man, den Biber wieder einzubürgern. Fraglich ist, ob Wildkatze und Fischotter bei uns erhalten werden können. Beide Tiere benötigen ausgedehnte, ungestörte Jagdgebiete, die in unseren Breiten sehr selten geworden sind.

4. Ausrottungsbiologie

Ausrottung — Aussterben

Seit mehr als zwei Milliarden Jahren gibt es Leben auf unserer Erde — aber die Erde war nicht immer von den gleichen Lebewesen bevölkert. Wenn wir die heutigen Tierformen mit Fossilfunden aus früheren Erdzeitaltern vergleichen, erkennen wir, daß sich das Leben im Verlaufe der Erdgeschichte von einfacheren Formen zu komplizierteren und noch erfolgreicheren Formen entwickelt hat. Diese Entwicklung des Lebens bezeichnet man als Evolution. Wenn wir in der Erdgeschichte zurückblättern, finden wir bereits vor 2 Millionen Jahren keine Menschen mehr, vor 250 Millionen Jahren gab es noch keine Säugetiere und Vögel, und mehrere hundert Millionen Jahre weiter zurück fehlen die Wirbeltiere überhaupt. Die heute lebenden Tiere hat es also in früheren Erdepochen nicht gegeben; anderseits lebten in jenen Zeiten Formen, die heute nicht mehr existieren. Wenn wir in bestimmten Gesteinsschichten einen großen Formen- und Individuenreichtum von Fossilien einer gewissen Tiergruppe finden, schließen wir daraus, daß diese Tiergruppe damals eine Blütezeit erlebte. So gab es einst eine Blütezeit der Ammonshörner, und zur Jura- und Kreidezeit beherrschten die Dinosaurier, eine Reptiliengruppe von unerreichter Vielfalt, während zirka 100 Millionen Jahren die Erde. Zu den Dinosauriern gehörten die größten und stärksten Landtiere, die es je gegeben hat. Aber auch diesen Kolossen schlug die Stunde. Das ganze Dinosauriergeschlecht starb innerhalb weniger Jahrmillionen aus und machte den Säugetieren und Vögeln Platz, die ihrerseits nun eine Blütezeit erlebten, die bis heute andauert.

Das — erdgeschichtlich gesehen — plötzliche Aussterben der Dinosaurier hat die Wissenschafter intensiv beschäftigt. Wie konnte es geschehen, daß derart spezialisierte und mächtige Tiere ausstarben? Viele Theorien wurden zur Erklärung dieses Phänomens aufgestellt. Andauernde Klimaverschlechterungen konnten die wechselwarmen Saurier in ihrer Existenz bedroht haben. Die damals aufkommenden und dominierenden Blütenpflanzen konnten die an Palmfarn- und Schachtelhalmdiät gewohnten Saurier vor Nahrungsprobleme gestellt haben. Inzucht- und Vergreisungserscheinungen, Sackgassenentwicklung wurden von anderen Gelehrten als Aussterbensursache angegeben. Eine der einleuchtendsten Deutungen aber macht das Auftreten der Säugetiere für den Untergang des Dinosauriergeschlechts verantwortlich. Die Saurier legten Eier, und als wechselwarme Tiere kannten sie keine Bebrütung ihres Geleges und wahrscheinlich auch keine Brutpflege. Es ist nun sehr wohl denkbar, daß die damals aufkommenden Säugetiere, behende, rattengroße Formen, sich hinter die Eier der plumpen Saurier machten, ohne daß die Kolosse ihre kleinen Feinde überhaupt wahrnehmen konnten.

Bei der Betrachtung der tierischen Evolution können wir also feststellen, daß bestehende Formen von neuen, noch erfolgreicheren Formen abgelöst werden und aussterben. Dieses „natürliche" Aussterben gehorcht einer Naturgesetzlichkeit; es ist mindestens so natürlich und notwendig wie die Entstehung neuer Arten.

Zwischen dem „natürlichen Aussterben" einzelner Tierformen und der durch den Menschen verschuldeten Ausrottung gibt es aber prinzipielle Unterschiede.

Beim natürlichen, evolutionsbedingten Arttod wird eine bestehende Form immer von neuen Formen oder ganzen Gruppen abgelöst, die ihrerseits wieder eine Blütezeit erleben. Bei der Ausrottung hingegen tritt außer dem Menschen keine neue Form an die Stelle der ausgerotteten. Jede Ausrottung ist deshalb ein absoluter Verlust.

Der Arttod war im Verlaufe der Evolution ein seltenes Ereignis, wenn wir bedenken, daß sich die Geschichte der Lebewesen über Millionen und Milliarden von Jahren erstreckt. Wenn wir annehmen, daß beim „plötzlichen" Aussterben der Dinosaurier tausend Formen während einer Million Jahren ausstarben, so ergibt dies eine durchschnittliche Aussterbequote von einer Form pro tausend Jahre. Die vom Menschen bewirkte Ausrottung hingegen hat in den letzten 300 Jahren bereits mehr als 200 Vogel- und Säugetierformen die Existenz gekostet, und dabei waren die meisten dieser Formen keineswegs etwa lebensuntüchtige Lebewesen, mit deren natürlichem Aussterben man ohnehin hätte rechnen müssen. Mehrere hundert weitere Tierformen sind heute unmittelbar vom Aussterben bedroht, und die Aussterbestatistik wird im Jahr 2000 wohl noch viel ungünstiger aussehen. Man hat errechnet, daß die durchschnittliche Existenzdauer-Erwartung für eine Vogelart von 40 000 Jahren im Jahre 1680 auf 16 000 (ca. $^2/_5$) im Jahre 1964 verringert wurde. Diese Lebenserwartung wird für sämtliche Tierarten noch mehr zurückgehen, eine Folge der heutigen Umweltzerstörung, deren Tragweite wir erst in einigen Jahrzehnten erfassen können.

Der Ausrottungsvorgang

Der Ausrottungsvorgang gehorcht einer einfachen Formel, die besagt, daß eine Art dann ausstirbt, wenn die Sterbequote (Mortalität) dauernd größer ist als die Nachwuchsquote. Werden in einem Bestand ständig mehr Tiere vernichtet als Junge fallen, so läßt sich der Zeitpunkt der totalen Ausrottung errechnen. Ein gutes Beispiel liefert das Pazifische Walroß (Odobenus rosmarus divergens), dessen Gesamtbestand wir heute noch mit 40 000 Stück veranschlagen dürfen. Um die begehrten Hauer zu gewinnen, erlegen die mit modernen Gewehren ausgerüsteten Eskimos alljährlich 10 000 Walrosse. Jährlich werden aber auf 40 000 Walrosse nur 5000 Junge geboren, so daß der absolute Bestand jährlich ein Defizit von mindestens 5000 Tieren erleidet. Die Art wird also bei unverminderter Verfolgung innert weniger Jahre ausgerottet sein, und es ist durchaus möglich, daß die auffälligen Walrosse tatsächlich bis auf das letzte Stück abgeschossen werden.

Ähnlich dürfte die Ausrottung der großen Herdentiere Blaubock, Quagga und Burchellzebra vor sich gegangen sein. Die Farmer schossen bei der Landnahme jedes Tier ab, das ihnen vor die Flinte lief, und es fällt nicht schwer, sich vorzustellen, daß diese Arten bis auf das letzte Individuum direkt vernichtet werden konnten.

Auch bei einigen Fällen indirekter Ausrottung können wir uns gut ein Bild vom Ablauf der totalen Vernichtung eines Tierbestandes machen. Schlägt man beispielsweise ein großes Waldgebiet und können die spezialisierten Waldtiere nicht in ein anderes Waldgebiet auswandern, so müssen sie bis auf das letzte Individuum zugrunde gehen. Wenn Madagaskar einmal ganz gerodet sein wird, kann es keine madagassische Halbaffen mehr in Freiheit geben.

Schwieriger ist es, sich eine Vorstellung vom Aussterbevorgang kleinerer, kontinental verbreiteter Tierarten zu machen, etwa vom Karolinasittich oder von der Wandertaube. Gerade die Wandertaube, die noch um 1800 als die individuenreichste Vogelart überhaupt galt, stellt uns in dieser Hinsicht vor ein Rätsel. Wir haben zwar von den intensiven Nachstellungen gehört, die jährlich vielen Millionen von Vögeln das Leben kosteten. Sicher waren diese Verluste weit höher als die jährliche Nachwuchsquote, und wir finden die jähe Bestandesabnahme zu Ende des 19. Jahrhunderts entsprechend unserer Aussterbeformel als durchaus folgerichtig. Rätselhaft aber bleibt, wieso sich der Wandertaubenbestand nach der erwähnten Bestandesabnahme nicht mehr erholen konnte. Sicher lebten um 1880 noch mehrere tausend Wandertauben zerstreut über den amerikanischen Kontinent, und sicher wurden diese Restexemplare nicht mehr intensiv vom Menschen verfolgt, da sich die Jagd nicht mehr lohnte. Im Gegensatz etwa zum Seeotter, der sich von einem sehr kleinen Restbestand wieder zu einer beträchtlichen Bevölkerung erholen konnte, starb die Wandertaube aber trotz nachlassender Verfolgung durch den Menschen endgültig aus. Das rätselhafte Aussterben dieses Restbestandes läßt sich folgendermaßen deuten.

1. Die letzten Tage der Wandertauben fielen in die Zeit, wo die großen Rodungen in den Vereinigten Staaten ihrem Abschluß entgegengingen. Die restlichen Wandertauben hatten deshalb immer mehr Mühe, geeignete Nistplätze zu finden.

2. Bei sozial brütenden Tieren wie der Wandertaube, welche oft in mehreren hundert Exemplaren auf einem Baum brütete,

wirkt die Anwesenheit von Artgenossen stimulierend auf das Brut-
geschäft. Es ist denkbar, daß Einzelpaare überhaupt nicht mehr
in Brutstimmung gerieten. Dafür spricht die Tatsache, daß es nicht
gelang, von einzelnen Paaren in Gefangenschaft Nachkommen zu
erhalten.

3. Es ist aber auch denkbar, daß die sonst immer in Schwärmen auftretende Vogelart sich gegenüber Konkurrenten am Brut-
und Freßplatz nicht mehr durchsetzen konnte.

4. Schließlich wissen wir, daß jede massenhaft auftretende Tierart die Lebensbasis einer ganzen Reihe tierischer Fleischfresser
bildet. So wie die wilden Rentierherden ständig von Wölfen um-
kreist sind, bildeten die Wandertaubenschwärme die Hauptnah-
rung zahlreicher Raubtiere und Vögel. Fuchs und Luchs, Wasch-
bär, Marder und Nerz beschlichen nachts die schlafenden Tauben,
Falken und Habichte verfolgten sie im Flug. Coopers Habicht
soll sich praktisch ausschließlich von Wandertauben ernährt haben.
Nach dem Zusammenbruch des Wandertaubenbestandes innert
weniger Jahre blieb nun eine große Zahl tierischer Feinde übrig,
die sich nicht so rasch wie der Mensch auf andere Beute umstellen
konnten, anderseits erfolgte ihre Bestandesregulierung relativ langsam, da gerade die Raubvögel ein relativ hohes Lebensalter erreichen. Die Wandertauben sahen sich also kurz nach ihrer großen
Bestandesabnahme einer beinahe unverminderten Zahl Feinden
gegenüber, und es ist sehr wohl möglich, daß diese tierischen
Feinde das Ausrottungswerk des Menschen vollendeten.

5. Im Falle der Wandertaube war die Restpopulation weit
über eine riesige Region verteilt, so daß bestimmte Individuen
sicher Mühe hatten, einen Partner für die Fortpflanzung zu finden.

Am Beispiel der Wandertaube können wir erkennen, daß es
für viele Tierarten eine minimale *kritische Bestandesgröße* gibt.
Sinkt der Bestand unter diese Größe, dann ist die Art auch ohne
weiteres Zutun des Menschen zum Aussterben verurteilt. Eine Ret-
tung ließe sich einzig noch durch Evakuation des ganzen Bestandes in Gefangenschaft erreichen, doch lassen sich noch lange nicht
alle Tierarten erfolgreich in Gefangenschaft züchten. Abb. 47 zeigt
den Verlauf der Bestandeskurve beim Kupidohuhn (Abb. 46), dessen Aussterbevorgang am eingehendsten untersucht wurde. Nachdem der Bestand im Jahre 1907 ein absolutes Minimum erreicht

Abb. 46. Kupidohühner. del. J. J. Audubon

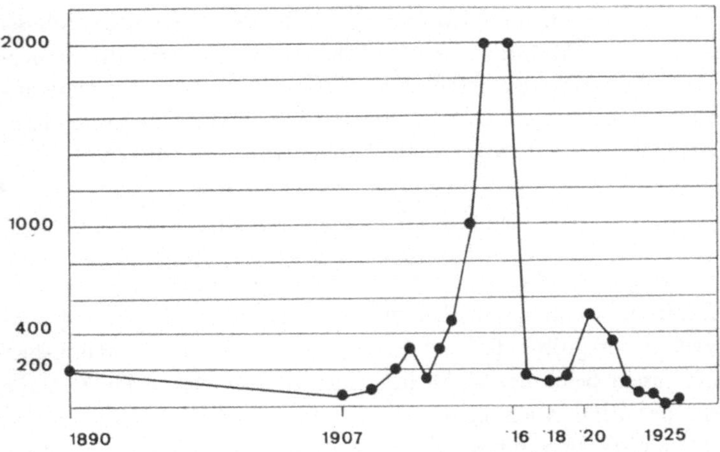

Abb. 47. Das Aussterben der letzten Kupidohühner. Nach H. Gloor

hatte, wurden rigorose Schutzmaßnahmen durchgeführt, die kurzfristig ein sehr starkes Ansteigen des Bestandes zur Folge hatten, dann aber brach der Bestand trotz den Schutzmaßnahmen zusammen, und 1925 war die Art ausgestorben.

61

Besonders empfindlich in bezug auf diese kritische Bestandesgröße dürften Herdentiere sein, wie Huftiere, Robben und Wale,
da bei ihnen das Sozialleben eine wichtige Rolle beim Auffinden
neuer Futterplätze, bei der Abwehr von Feinden und bei der Auf-
zucht der Jungen spielt. Eine größere Gruppe von Moschusochsen
kann gegenüber angreifenden Wölfen eine wirksame Abwehr-
phalanx bilden, indem die Tiere nah zusammenrücken, die Kälber
in der Mitte und die Köpfe der Alttiere abwehrbereit dem
Gegner zugewandt. Ein einzelner Moschusochse, aber auch zwei
oder drei Tiere können einem Wolfsrudel nicht erfolgreich Widerstand leisten.

Von der amerikanischen Gabelantilope weiß man, daß kleine
Gruppen von Tieren bei Angriffen von Raubtieren in Panik aus-
einanderstieben und daß die Einzeltiere in der Folge oft den
Herdenzusammenhang ganz verlieren, während größere Herden
bei Angriffen zusammenbleiben.

Wir müssen uns bei mancher heute noch lebenden, bedrohten
Tierart fragen, ob sie nicht bereits die kritische Bestandesgröße
erreicht oder gar unterschritten hat. So bangen wir um das Schicksal des Schreikranichs, des Mandschurischen Kranichs, des Steller-
schen Albatros, der Arabischen Oryxantilope, des Mesopotami-
schen Damhirsches und der Sundaischen Nashörner, alles Tierarten, die heute in weniger als 200 Individuen existieren.

Die spezielle Bedrohung der Inselfaunen

Wenn wir die Verbreitungsgebiete der heute ausgerotteten
Tierarten betrachten, machen wir die erstaunliche Feststellung, daß
weitaus der größte Teil auf Inseln beheimatet war. Ist das Leben
auf Inseln besonders gefährlich, oder sind Inseltiere im Kontakt
mit der Zivilisation besonders anfällig, werden wir uns fragen.
Die nähere Betrachtung der inselbewohnenden Tiere und ihrer
Lebensbedingungen wird uns Antwort auf diese Fragen geben.
Inseln beherbergen oft absonderliche Tiergestalten. Eine solche
Insel ist — zum mindesten für den Tiergeographen — Australien.
Jedermann hat schon das Bild eines australischen Schnabeltieres
(Ornithorhynchus paradoxus) (Abb. 48) gesehen. Kann man es
jenem australischen Farmer verübeln, der behauptete, das Schnabel-

Abb. 48. Schnabeltier. Aufn. H. M. Berney/World Wildlife Fund

tier sei eine Kreuzung zwischen einem Fischotter und einer Ente, zumal er beobachtet hatte, daß das Tier Eier legt? Nicht weniger sonderbar sind die Beuteltiere Australiens, darunter die bekannten Känguruhs. Ein ursprüngliches Skelett, ein wenig differenziertes Gehirn und eine ungewöhnliche nachgeburtliche Entwicklung im Beutel der Mutter berechtigen uns, die Beuteltiere als höchst primitive Säugetierordnung zu betrachten. Knochenfunde aus der

Jüngeren Kreidezeit (vor ca. 60 Millionen Jahren) beweisen, daß die Beuteltiere einst weltweit verbreitet waren. Zu jener Zeit stand Australien noch in Landverbindung mit der Kontinentalmasse. Später brach die Landverbindung ab, und die australischen Beuteltiere blieben isoliert. Während sich auf den Kontinenten die „höheren" Säugetiere, wie Nagetiere, Raubtiere, Huftiere und Affen erfolgreich durchsetzten und die Beuteltiere verdrängten, ging die Entwicklung in Australien andere Wege. Dort entstanden keine höheren Säugetiere, dagegen konnten sich die Beuteltiere ungestört zur heutigen Formenvielfalt differenzieren (Abb. 49).

Abb. 49. Charakteristische Beuteltiere. Links: Känguruh; oben rechts: Beutelteufel; unten rechts: Wombat

In den Urwäldern Madagaskars lebt eine Schar nächtlicher Kobolde von derart groteskem Aussehen, daß man glauben könnte, sie seien einer Höllenszene des HIERONYMUS BOSCH entlaufen. Es sind die Halbaffen (Lemurineae), ein primitiver Seitenzweig der Affenverwandtschaft, welcher sich auf Madagaskar in großer Formenfülle entwickelt hatte (Abb. 50).

Abb. 50. Einige besonders bedrohte Halbaffen Madagaskars. Links: Indri; oben rechts: Mohrenmaki; Mitte rechts: Sifaka; unten rechts: Wollmaki

Die Inseln Haiti und Kuba sind die Heimat der letzten Schlitzrüssler (Solenodon) (Abb. 51). Das bizarre, knapp kaninchengroße Tier, das personifizierte Nasobem CHRISTIAN MORGENSTERNS, ist ein sehr ursprünglicher, entfernter Verwandter unserer Spitzmäuse. Welches Zoologenherz der älteren Generation schlägt nicht höher bei der Erwähnung der Brückenechse, des primitivsten aller Reptilien? Die letzten Verwandten dieses Tieres lebten in der Triaszeit vor ca. 180 Millionen Jahren. Auf einigen den Hauptinseln von Neuseeland vorgelagerten Inseln konnte sich dieser Zeuge eines vergangenen Erdzeitalters bis auf unsere Tage erhalten.

Diese Aufzählung altertümlicher Inseltiere, die sich beliebig fortsetzen ließe, zeigt, daß Inseln tatsächlich bevorzugte Refugien alter Reliktfaunen sind.

Abb. 51. Schlitzrüßler

Mit dem Auftreten des Menschen brach das Verhängnis über solche Faunen herein. Besonders verheerend wirken vom Menschen eingeschleppte Tiere. Verwilderte Hauskatzen und Füchse, die man in Australien aussetzte, um die ebenfalls eingeschleppten Kaninchen zu bekämpfen, rotteten statt der flinken Kaninchen bis jetzt mehrere Beuteltierformen aus. Weitere Arten stehen vor der unmittelbaren Vernichtung. Die zur „Bereicherung" der Fauna in Neuseeland freigelassenen Wiesel verfolgen den Kiwi (Apteryx), einen primitiven, nächtlich lebenden Straußenvogel bis in seine Bruthöhlen. Und auf Kuba und Haiti fangen eingesetzte Mungos, mit welchen man die Rattenplage bekämpfen wollte, die letzten Schlitzrüßler. Nicht minder schlimm für solche Reliktfaunen wirken sich die durch den Menschen bewirkten Veränderungen des Lebensraumes aus. Auf Madagaskar, das einst total mit Wald bedeckt war, wurde der Wald zu vier Fünfteln gerodet, und damit verloren die Halbaffen den größten Teil ihres Lebensraumes. Sieben Halbaffenarten sind bereits ausgerottet.

Wir stehen also heute vor der Tatsache, daß urtümliche Tierarten, welche dank lang dauernder Isolation sich über Jahrmillionen erhalten konnten, innerhalb weniger Jahrhunderte oder Jahrzehnte des Kontaktes mit dem Menschen zum Aussterben verurteilt sind. Sollten wir nicht alles daran setzen, diese Zeugen vergangener Zeiten nach Möglichkeit zu erhalten?

Nicht alle auf Inseln ausgerotteten Tierarten sind jedoch altertümlich. Daß auch „moderne", durchaus konkurrenzfähige Arten ausgerottet werden, hängt mit einigen zum Teil recht trivialen Gesetzmäßigkeiten des Insellebens zusammen. Inseln sind, verglichen mit den Kontinenten, immer beschränkte Lebensräume. Darin liegt eine große Gefahr für alle Inselbewohner. Bei einer auftretenden Bedrohung haben sie weniger Möglichkeiten, sich in sicherere Regionen zurückzuziehen. Einmal gelichtete Bestände erhalten auch keine Zuwanderung aus weniger bedrohten Gebieten. Entsprechend dem geringeren Lebensraum sind inselbewohnende Arten weniger individuenreich als kontinentale. KRUMBIEGEL errechnete, daß, wenn ein Tiger durchschnittlich 10 Quadratkilometer Lebensraum benötigt, auf Sumatra 117 000 Tiger, auf Java 31 000 Tiger und auf dem kleinen Bali maximal 560 Tiger leben könnten. Eine einzige Seuche könnte also die Population der kleinwüchsigen Inselrasse des Bali-Tigers auslöschen! Da der Lebensraum auf Inseln streng begrenzt ist, können sich Inselpopulationen auch nicht beliebig vergrößern; die überzähligen Tiere können nicht abwandern. Oft fehlen dazu auf Inseln Raubtiere, welche normalerweise die Bestandesgröße einer Population regulieren.

So ist es begreiflich, daß zwischen den Angehörigen einer Tierart stärkste Konkurrenz herrscht. Ein Mittel, diese Konkurrenz zu umgehen, ist die Spezialisation. Indem einzelne Individuen versuchen, sich neue Lebensbereiche, vor allem neue Futterquellen, zu erschließen, entgehen sie der Konkurrenz durch die übrigen Artgenossen.

Eines der schönsten Beispiele für eine derartige Spezialisation sind die Galapagosfinken, die bekanntlich DARWIN so nachhaltig beeindruckt hatten. Aus einer einzigen kleinen Finkenart, die zufällig einmal vom Kontinent nach den Galapagosinseln verschlagen

wurde, differenzierten sich im Laufe der Zeit zahlreiche Spezial-
formen. So gibt es Darwinfinken mit einem feinen Grasmücken-
schnabel, die heute ausschließlich von Insekten leben. Andere fressen Beeren und Früchte, ihr Schnabel gleicht der Beerenquetsche
eines Gimpels. Wieder andere, am starken, kegelförmigen Schnabel
erkenntlich, haben sich auf das Knacken hartschaliger Samen spezialisiert. Die merkwürdigste Form, der Spechtfink (Camarhynchus
pallidus), hat sogar den Werkzeuggebrauch erlernt. Er spitzt sich
einen Dorn zurecht, womit er geschickt in Rindenspalten herum-
stochert, um Insekten oder deren Larven hervorzuangeln. Eine
derartige Aufsplitterung in einzelne Spezialistenformen war natürlich nur möglich, weil die Galapagosfinken bei der Besiedlung der
Insel keine Konkurrenten vorfanden.

Neben altertümlichen Inseltieren gibt es also noch eine zweite
Kategorie, die Spezialisten. Auch das Spezialistentum bringt Ge-

Abb. 52. Koala. Aufn. H. M. BERNEY/World Wildlife Fund

fahren mit sich. Je höher nämlich eine Form spezialisiert ist, desto
mehr ist sie von ganz bestimmten Lebensbedingungen abhängig.
Ein typisches Beispiel einer solchen extremen Spezialisation ist
der Koala (Phascolarctos cinereus), das Urbild des Teddybärs
(Abb. 52). Dieses australische Beuteltier lebt auf bestimmten Eukalyptusbäumen und ernährt sich ausschließlich von deren Blättern.
Der Koala lebt also in absoluter Abhängigkeit von seiner Nahrungspflanze, und jede Bedrohung der Eukalyptusbestände ist gleichermaßen eine Bedrohung für den Koala. Wenn nun, wie es zunehmend geschieht, die Eukalyptuswälder in Australien gerodet
werden, wird damit das Schicksal des Koala besiegelt.

Spezialisten anderer Art sind die Lappenhopfe (Heteralocha
acutirostris) (Abb. 53) in Neuseeland. Als Unikum im Reich der

Abb. 53. Lappenhopfe. Oben: Männchen; unten: Weibchen

Vögel besitzen Männchen und Weibchen verschieden gestaltete Schnäbel. Die beiden Geschlechter gehen zusammen auf die Futtersuche und ergänzen sich dabei. Mit seinem kurzen, meißelförmigen Schnabel hämmert das Männchen an morschen Baumstrünken die Gänge der Insekten frei, während das Weibchen mit seiner langen, schmalen Schnabelpinzette die Insekten und ihre Larven aus den Gängen hervorklaubt. Es liegt auf der Hand, daß solche Spezialisten nur unter ganz bestimmten Umweltbedingungen leben können, nämlich dann, wenn sie unberührte Waldgebiete mit morschem Holz vorfinden. Die Rodung der Wälder auf Neuseeland und falsch verstandene Waldhygiene haben den Lappenhopf vertrieben. Die letzten Beobachtungen von Lappenhopfen stammen aus dem Jahre 1907. Mit großer Wahrscheinlichkeit ist die Art heute ausgerottet.

Eine häufige Eigenschaft vieler Inseltiere ist das fehlende Fluchtvermögen. So können zahlreiche Inselvögel nicht mehr fliegen, beispielsweise der neuseeländische Eulenpapagei (Stringops habroptilus) (Abb. 54) oder der Kagu (Rhinochetus jubatus), ein

Abb. 54. Eulenpapagei. Aufn. New Zealand Wildlife Department/World Wildlife Fund

Kranichvogel aus Neukaledonien. Beide sind ausgesprochene Bodenvögel und werden deshalb leicht das Opfer von eingeschleppten Raubtieren. Andere Tiere hatten, da es auf ihren Inseln keine

natürlichen Feinde gab, jegliche Fluchtreaktion verloren. So kennt
der Galapagosbussard nicht die geringste Scheu vor dem Menschen.

Wie alle aufgezeigten Nachteile des Insellebens bei der Zerstörung einer Inselfauna zusammenwirken, läßt sich gut am Schicksal der Maskareneninseln im Indischen Ozean zeigen. Die Zivilisationsgeschichte dieser Inseln stellt keinen Einzelfall dar; zahlreiche andere Inseln, etwa die Antillen, erlebten ähnliche Schick-
sale. Vor ihrer Entdeckung waren die Maskareneninseln weder
von Menschen noch von Säugetieren bewohnt. Die dicht bewalde-
ten Inseln beherbergten eine vielfältige Vogelwelt. Im Jahre 1505
werden die Inseln von einem portugiesischen Seefahrer entdeckt.
Mit den ersten Seeleuten gehen ihre treuesten Begleiter, die Schiffs-
ratten, an Land. Da Raubtiere fehlen, vermehren sich die Ratten
enorm und bedrohen die ursprüngliche Inselfauna.

Der eigenartigste Bewohner der Maskareneninsel Mauritius ist
der Dodo (Rhaphus cucullatus) (Abb. 55), eine truthahngroße

Abb. 55. Dodo. Aus H. Strickland, 1848

Taube. Er kennt keine Scheu vor dem Menschen. Seine Flügel
sind zu bedeutungslosen Stummeln zurückgebildet. Um die Mitte
des 16. Jahrhunderts legen an den Inseln regelmäßig Ostindien-
fahrer an, um sich zu verproviantieren (Abb. 56). Für sie bildet

Abb. 56. Ankunft der ersten Holländer auf Mauritius. Zeitgenössische Darstellung

der Dodo eine willkommene Bereicherung des Speisezettels. In
großer Zahl werden die „lebenden Fleischtöpfe" mit auf die Schiffe
genommen und dort verspeist. Im Jahre 1598 werden die Inseln
holländische Strafkolonie. Die ausgesetzten Sträflinge bringen
Schweine mit, die zum Teil verwildern. Zusammen mit den Ratten vernichten die Schweine die Gelege des bodenbrütenden Dodo.
20 Jahre später ist der Dodo bereits eine zoologische Seltenheit.
Um 1681 ist die Art ausgerottet. Wir besitzen nicht einmal einen
Balg dieses Vogels. Nur an Hand einiger Knochen und zeitgenös-
sischer Abbildungen auf niederländischen Stilleben können wir
uns heute eine Bild vom Dodo machen.

Doch die Leidensgeschichte der Maskarenen geht weiter. Im
18. Jahrhundert werden die Wälder systematisch gerodet. Zahlreiche Waldvögel verlieren ihren Lebensraum, unter ihnen der

weiße Star (Fregilupus varius). Im 19. Jahrhundert sind die Inseln total mit Zucker- und Teepflanzungen bedeckt. 1835 wird der letzte Fregilupus beobachtet; nur 2 Museumspräparate existieren von ihm.

Mensch, Ratte und Schwein hatten ganze Arbeit geleistet. Von 45 ursprünglichen Vogelarten der Maskarenen sind 24 ausgerottet.

Biologisch gesehen gibt es auch auf den Kontinenten Inseln. Inseln im umgekehrten Sinn sind oft Süßwasserseen. Der Ladogasee bei Leningrad und der Baikalsee im innersten Asien sind von Robben bewohnt, die vollkommen getrennt von ihren Verwandten an der Meeresküste leben.

Ähnliche Binneninseln mit einer speziellen Kleinlebewelt stellen gewisse Höhlen dar. Ein solches Höhlentier ist der Grottenolm (Proteus), ein aalförmiges Amphibium südosteuropäischer Karstgebiete. Geringe Veränderungen in der Wassertemperatur, im Salzgehalt des Wassers oder ein Höhleneinsturz können dieses isolierte Höhlenleben vernichten.

Auch einzelne Gebirgsmassive sind Inseln im biologischen Sinn. Da viele Gebirgstiere an eine bestimmte Höhenlage gebunden sind, gibt es praktisch keinen Bevölkerungsaustausch zwischen ein-

Abb. 57. Großer Panda. Aufn. F. Vollmar/World Wildlife Fund

zelnen Massiven. So kommt es, daß die verschiedenen Gebirgsmassive Eurasiens verschiedene Rassen von Steinböcken beherbergen.

Im südwestlichen China, in Szetchuan, lebt der bärenähnliche
Große Panda (Abb. 57) (Ailuropoda melanoleuca). Das sagenhafte
Tier ernährt sich ausschließlich von den Schößlingen der Bambuspflanze. Wenn wir das kleine Verbreitungsgebiet des Panda mit
dem Vorkommen von Bambuswäldern in Westchina vergleichen,
stellen wir fest, daß sich die beiden Zonen genau überdecken.
Der Panda lebt also gewissermaßen auf einer Vegetationsinsel.
Er ist somit allen Risiken eines Insellebens ausgesetzt.

Wir stehen heute vor der paradoxen Tatsache, daß Inseln, die
vor dem Auftreten des Menschen als speziell gesicherte Lebensräume zahlreichen Tier- und Pflanzenarten eine ungestörte Entwicklung ermöglichten, heute zu den gefährdetsten Zonen der Erde
gehören. Ihr Schutz verdient unsere besondere Aufmerksamkeit.

Natürliche Gleichgewichte

Alle Lebewesen eines bestimmten Lebensraumes sind direkt
oder indirekt voneinander abhängig, sie bilden eine Lebensgemeinschaft. Jede Lebensgemeinschaft ist abhängig von der sie umgebenden leblosen Natur, dem Boden und dem Wasser. Boden und
Wasser sind wiederum von den Lebewesen in verschiedenster Weise
abhängig. Im Laufe der Zeit stellte sich zwischen diesen Komponenten des Naturhaushaltes ein labiler Gleichgewichtszustand
ein, den wir als biologisches Gleichgewicht bezeichnen. Die wichtigsten Abhängigkeiten innerhalb eines solchen Gleichgewichtssystems seien hier erwähnt (Abb. 58):

Das *Wasser* ist neben gewissen atmosphärischen Gasen der wichtigste Stoff der unbelebten Natur. Kein Lebewesen kann ohne
Wasser existieren, ohne Feuchtigkeit trocknet aber auch das Erdreich aus und zerfällt in Staub. Das in Form von Niederschlägen
zur Erde fallende Wasser muß vom Erdreich möglichst lange
zurückgehalten werden, sonst fließt es zu schnell ab, und die
Lebewesen verwelken oder verdursten. Neben dem Erdreich spielt
vor allem das Moospolster des Waldes eine wichtige Rolle als
Wasserbehälter.

Der *Boden*, gemeint ist hier das Erdreich, spielt die erwähnte wichtige Rolle für den Wasserhaushalt. Er ist die wichtigste Voraussetzung für höheres pflanzliches Leben und bietet manchen Tieren Unterschlupf. Das Erdreich wiederum bildet sich zu einem großen Teil aus abgestorbenen Pflanzenteilen, die von Mikro-

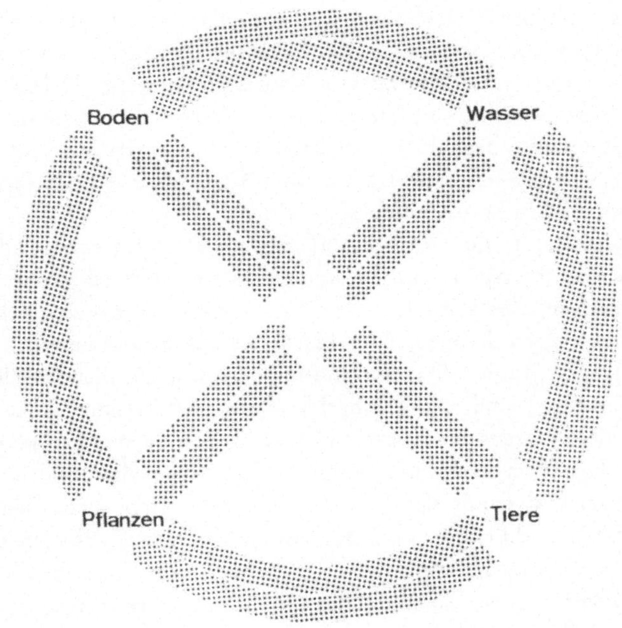

Abb. 58. Die vier Hauptkomponenten des Naturhaushaltes, Boden, Wasser, Pflanzen, Tiere und ihre gegenseitige Abhängigkeit

organismen, Pflanzen und Tieren, zersetzt werden. Pflanzenwurzeln schützen das Erdreich vor Verwehung und Wegschwemmen durch das Wasser, Regenwürmer homogenisieren es und halten es porös.

Die *Pflanzenwelt* bildet das Erdreich, hält es mit Wurzeln zusammen und zersetzt es mit Hilfe von Bakterien. Pflanzen spielen eine wichtige Rolle im Wasserhaushalt. Sie können als einzige Lebewesen lebendige Substanz aus anorganischen Stoffen, wie Stickstoff, Kohlensäure und Wasser, aufbauen. Ohne Pflanzen ist deshalb kein tierisches Leben möglich. Pflanzen übernehmen von den Tieren die ausgeatmete Kohlensäure und geben dafür das Atmungsgas Sauerstoff ab. Viele Pflanzen sind anderseits wieder abhängig von Tieren, welche ihre Bestäubung vollziehen oder ihre Samen verbreiten.

Die *Tierwelt* hilft mit Kleinorganismen bei der Bildung des Humus mit. Regenwürmer bereiten den Humus auf. Insekten wirken bei der Bestäubung der Blütenpflanzen mit, beeren- und fruchtfressende Tiere helfen die Samen verbreiten. Anderseits ist die Tierwelt von allen anderen Naturkomponenten abhängig, im besondern benötigen die Tiere Pflanzen als Nahrung. Jede tierische Nahrungskette beginnt einmal bei pflanzlichen Organismen, z. B. Hecht—Barsch—Felche—Kleinkrebs—Alge, Geier—Storchkadaver—Frosch—Mücke—Rinderblut—Gras.

Wirkt nun der Mensch auf irgendeine Komponente dieses Gleichgewichtsystems ein, so kommt es zu folgenschweren Verschiebungen, die bisweilen zur Zerstörung eines ganzen Lebensraumes führen können. Wir haben entsprechende Beispiele zur Genüge im Kapitel über die indirekte Ausrottung kennengelernt. In der Regel sind solche Eingriffe desto verheerender, je fundamentalere Lebensbedürfnisse nicht mehr gestillt werden können. Eine Grundwassersenkung kann beispielsweise den Boden austrocknen und damit sämtliche Pflanzen und Tiere eines Gebietes vernichten. Schließlich wird das Gebiet zur Wüste. Ein einzelner peripherer Eingriff kann unter Umständen allerdings ebenso folgenschwer wirken. So hatte die uns belanglos erscheinende Tatsache, daß man auf den Galapagosinseln Ziegen verwildern ließ, die genau gleichen Folgen wie die eben geschilderte Grundwassersenkung. Die Ziegen vernichten die Vegetation, der Boden trocknet aus, es kommt zur Versteppung und schließlich zur Verwüstung der Inseln. Und damit ist sämtliches tierisches Leben im Innern der Inseln gefährdet.

Folgenschwere Veränderungen biologischer Gleichgewichte brauchen sich aber nicht immer nur zwischen den erwähnten vier Grundkomponenten des Naturhaushaltes abzuspielen. Wie uns das Kapitel über die Faunenfälschungen zeigte, können sich auch Verschiebungen, die sich ausschließlich innerhalb des Tierreiches abspielen, schlimm auswirken. Entzieht man beispielsweise den Raubtieren ihre Nahrungsbasis, so beginnen sich diese an Haustieren zu vergreifen. Findet der Alpenbär oder der Pyrenäenbär in der kritischen Periode im Frühling, wenn er aus seinem Winterlager tritt und noch keine Beerenkost vorhanden ist, nicht ausreichend Fallwild in den Lawinenzügen, schlägt er Haustiere.

Noch verhängnisvoller wirkt es sich aus, wenn man versucht, einen Wildtierbestand frei von Raubtieren zu halten. Die unangenehme Vermehrung der Krähen und Elstern in Europa ist eine Folge der leider vielerorts immer noch praktizierten Raubvogelvernichtung. So sind die Hauptfeinde der Krähen, Habicht und Uhu, aus weiten Teilen Europas verschwunden. In andern Gebieten, wo man den Fuchs ausrottete, wurden Kaninchen zur Landplage. Die mitteleuropäischen Jagdreviere sind von Rehen übervölkert, sehr zum Schaden der Forstwirtschaft. Im Engadin, im Einzugsbereich des Schweizerischen Nationalparks, hat die Vermehrung des Rothirsches katastrophale Ausmaße angenommen. Reh und Hirsch haben keine natürlichen Feinde mehr, denn Wolf und Luchs, ihre ehemaligen Bestandesregulatoren, sind bei uns schon längst ausgerottet.

Abb. 59 zeigt, wie die ungehinderte Bestandsvermehrung einer bestimmten Tierart schließlich zur Selbstvernichtung führen kann. In einem Schutzgebiet in Arizona schoß man zum Schutz der Hirsche sämtliche Pumas, Koyoten und Wölfe ab. In der Folge vermehrten sich die Hirsche dermaßen, daß sie die ganze Vegetation zerstörten, was zu gewaltigen Hungersnöten führte. Man kann also behaupten, daß die Pumas und Wölfe die Hirsche am Leben hielten.

Raubtiere spielen auch eine wichtige Rolle für die Gesunderhaltung ihrer Beutetiere. So hilft der Fischotter mit, die Fischbestände gesund zu erhalten, indem er in erster Linie erkrankte Fische erwischt und damit die Ausbreitung der vielfach epidemischen Fischkrankheiten verhindert.

Folgenschwere Veränderungen an biologischen Gleichgewichten bewirken auch allzu einseitige Pflanzkulturen, die sogenannte Monokultur, wie z. B. die Kaffeeplantagen in Südamerika, Zuckerrohrgebiete in Zentralamerika und die Baumwollfelder im Südosten der USA, aber auch allzu einseitig bestandene Forste, wie man sie noch vor wenigen Jahrzehnten in Europa anzulegen pflegte. Solche Monokulturen beherbergen eine artenarme Tierwelt; die wenigen

Formen können aber dafür eine Massenvermehrung erleben und zu Schädlingen werden, derer sich der Mensch kaum mehr erwehren kann. So hat die Föhreneule, ein kleiner Schmetterling, ausgedehnte Föhrenwaldungen vernichtet, was bei einem vernünftigen Mischwaldbestand nie möglich gewesen wäre.

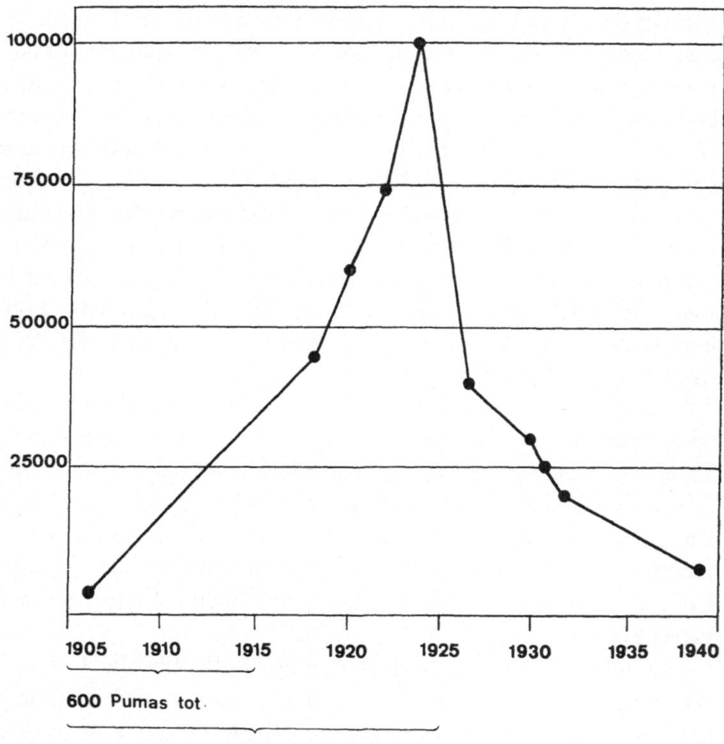

Abb. 59. Die Bestandskurve einer Hirschpopulation in einem Reservat in Arizona, vor und nach der Vernichtung der Raubtiere. Nach H. GLOOR

In Afrika vermehrten sich bestimmte Webervögel der Gattung Quelea in ungeheurem Maße, begünstigt durch den Getreide- und Hirseanbau, der den Vögeln eine unerschöpfliche Nahrungsquelle bot. In Millionenschwärmen, die den Himmel verdunkeln, fallen die zu Schädlingen gewordenen Vögel in die Kulturen ein und vernichten sie.

Der Mensch und das natürliche Gleichgewicht

Der Mensch genießt heute unter allen Lebewesen der Erde eine Vorzugstellung. Er ist nicht mehr an eine bestimmte Lebensgemeinschaft gebunden. Er kann den Urwald, die Wüste, die Polargebiete bewohnen, und der Augenblick liegt nicht mehr fern, wo Menschen längere Zeit im kosmischen Raum existieren werden. Die Technik hat dem Menschen diese Macht gegeben; er kann Flüsse umleiten, ganze Berge versetzen und Inseln zum Verschwinden bringen, er ist also zur geologischen Kraft geworden. Bald wird diese Kraft kosmische Dimensionen annehmen, indem es dem Menschen zum Beispiel gelingen könnte, unsere Erde mit Hilfe der von ihm befreiten Atomkräfte in einen völlig andern Himmelskörper, etwa eine Supernova, zu verwandeln.

Der Mensch kennt keine natürlichen Feinde mehr, mit Ausnahme einiger krankheitserregender Mikroorganismen. Die Folge ist eine ungeheure Massenvermehrung, die in ihrem Verlauf nur allzusehr an die Bestandeskurve der Hirsche in Arizona erinnert.

Massenvermehrung und technische Macht lassen den menschlichen Einfluß in jeder noch so entfernten Lebenszone unserer Erde spürbar werden. Eine Lebensgemeinschaft in der Wüste von Neu-Mexiko kann diesen Einfluß ebenso sehr zu spüren bekommen wie eine Tiefseefauna im tiefsten Pazifik.

Wenn der Mensch auch nicht mehr an eine spezifische Lebensgemeinschaft gebunden ist, und wenn wir mit Recht sagen können, daß die ganze Erde zum Lebensraum des Menschen geworden ist, ist der Mensch trotzdem auf Gedeih und Verderb von der Natur abhängig. Wie jedes andere Lebewesen benötigt er für seine Existenz die vier Komponenten des Naturhaushaltes, Wasser, Boden, Pflanzen und Tiere. Diese vier Komponenten können aber nur zusammen sinnvoll wirken; sie sind subtil aufeinander abgestimmt und bedingen sich gegenseitig, so daß es dem Menschen nie gelingen wird, etwa einen rein künstlichen Naturhaushalt mit Kulturpflanzen und Haustieren aufrechtzuerhalten und so die natürlichen Lebensgemeinschaften durch ein künstliches System zu ersetzen.

Damit Leben auf unserer Erde sich weiterhin entwickeln und erhalten kann, ist die Weiterexistenz vieler natürlicher Lebens-

gemeinschaften Bedingung. Und wenn der Mensch auch in Zukunft
dieser Erkenntnis zuwiderhandelt, vernichtet er sich selbst.

5. Aufgaben und Wege des Naturschutzes

Zu Beginn dieses Kapitels dürfen wir uns sicher die Frage stellen, ob der Naturschutz tatsächlich eine Berechtigung habe oder ob er vielleicht nur das Anliegen einer kleinen Gruppe verschrobener Naturfanatiker sei. Wir können die Notwendigkeit eines vernünftigen Naturschutzes mit rein sachlichen, aber auch mit ideellen Argumenten begründen. Sachliches Hauptargument für die Erhaltung natürlicher Landschaften und Lebensgemeinschaften ist die Abhängigkeit des Menschen von der ihn umgebenden Natur. Wir haben viele dieser Abhängigkeiten in den vorigen Kapiteln kennengelernt. In direkter Abhängigkeit zur Natur steht beispielsweise der Hochseefischfang, ein Haupternährungszweig der Menschheit. Ein Beispiel indirekter Abhängigkeit ist die Land- und Forstwirschaft, die auf gesunde Boden- und Wasserverhältnisse angewiesen ist. Diese Voraussetzungen sind aber nur erfüllt, wenn neben den eigentlichen Kulturlandschaften größere unsprüngliche Naturlandschaften existieren.

Gegen die Ausrottung bestimmter Pflanzen- und Tierarten spricht auch, daß wir die Rolle der meisten Lebewesen im gesamten Naturhaushalt noch viel zu wenig kennen, als daß wir die Schäden, die durch eine solche Ausrottung entstehen, voraussehen könnten.

Ein weiteres sachliches Argument ist die Rolle der Natur als Erholungsraum für den Menschen. Erholung in der Natur wird zunehmend zu einem echten Bedürfnis des Stadtmenschen, zu einem Gesundheitsproblem ersten Ranges.

Schließlich hat die Wissenschaft ein Anrecht darauf, alle auf der Erde vorkommenden Lebensformen zu studieren. Bis heute ist nur ein verschwindend kleiner Teil aller Tiere und Pflanzen eingehender untersucht worden. Von den meisten kennt man höchstens den Namen und das Vorkommen. Mit jedem Tier aber und mit jeder Pflanze, die verschwinden, verlieren wir eine Möglichkeit mehr, in die Vielfalt und die Gesetzmäßigkeiten des Lebens eindringen zu können.

Unter den ideellen Argumenten für den Naturschutz figuriert an erster Stelle die Verantwortung gegenüber späteren Generationen von Menschen. Wir dürfen uns nicht das Recht anmaßen, unseren Nachkommen eine verödete, für immer zerstörte Erde zu hinterlassen.

Der Ästhet wird die Natur als schützenswert empfinden, weil sie schön und harmonisch ist und weil die Zerstörung der Natur diese Harmonie vernichtet. Der Ethiker muß erkennen, daß die Natur nach bestimmten Gesetzen aufgebaut ist, und weil er jede Zerstörung dieser Gesetzmäßigkeit als schlecht empfinden muß, muß er den Naturschutz befürworten. Der religiöse Mensch schließlich, der die Natur als eine Schöpfung betrachtet, muß vor dieser Schöpfung Ehrfurcht empfinden. Handelt er gegen diese Erkenntnis, so mißachtet er den Willen des Schöpfers.

Naturschutz zu betreiben ist also eine Notwendigkeit. Naturschutz darf aber nie zum Selbstzweck werden. Als höchstes Wesen, das die Natur hervorgebracht hat, soll der Mensch im Zentrum der Erde stehen und nicht abseits als Geduldeter, wie es manche Naturfanatiker wahrhaben möchten. Naturschutz muß letzten Endes immer Menschenschutz sein. Der Mensch soll und muß die Natur nutzen, wo immer er kann und will, doch muß diese Nutzung so erfolgen, daß die Natur dadurch keinen dauernden Schaden nimmt. In diesem Sinn wollen wir die folgenden Ausführungen über die Aufgaben des Naturschutzes verstehen.

Ohne Forschung kein Naturschutz

Die Frage, ob wir überhaupt wirkungsvollen Naturschutz betreiben können, ist berechtigt. Ist es beispielsweise von irgendwelcher Bedeutung für die Erhaltung der Arten, wenn wir im Winter die Singvögel mit Körnern füttern, wenn wir Starennistkasten aufhängen oder wenn wir ein Gebiet zum unantastbaren Reservat erklären?

Die wesentlichste Voraussetzung für wirksame Naturschutzmaßnahmen ist, daß man die Lebensweise der zu schützenden Formen kennen muß, bevor man sie wirksam schützen kann. Ohne eingehende Forschungen läßt sich kein vernünftiger Naturschutz betreiben. Nehmen wir an, wir wollen eine einzelne Tierform, etwa den Fischotter, schützen, so werden sich folgende Fragen stellen: Was frißt er? Wie groß ist sein Revier, und wie muß dieses beschaffen sein? Führt der Fischotter Wanderungen aus? Wo bringt er die Jungen zur Welt? Lebt er einzeln, paarweise oder gar in Rudeln? Wie viele Fischotter gibt es noch in der zu schützenden Region? Wie groß ist die Nachwuchsrate? Wie sind die Geschlechter, wie die Jung- und Alttiere verteilt? Wie viele Tiere können maximal in einem Gebiet leben? Welches sind ihre Krankheiten und natürlichen Feinde, ihre Konkurrenten? Wie verhält sich der Fischotter gegenüber Störungen seiner Umwelt durch den Menschen? Wir stark wird er gejagt? Wird er als Schädling, als Träger eines wertvollen Pelzes oder aus anderen Gründen verfolgt? Spielt er eine Rolle im Volksaberglauben oder in der Volksmedizin?

Für den Schutz größerer Tiergruppen oder bestimmter Landschaften brauchen wir noch umfassendere Kenntnisse, und da gerade große Naturschutzprojekte auch einen entsprechenden Aufwand an Mitteln erfordern, müssen alle getroffenen Maßnahmen sehr gezielt sein. Daß ohne entsprechende wissenschaftliche Grundlagen kein wirksamer Naturschutz möglich ist, zeigt das Beispiel der Serengetisteppe. Dieses Steppengebiet in Tanzania (früher Tanganjika), eine der wildreichsten Gegenden der Erde, wurde seinerzeit von der damaligen Kolonialmacht teilweise zum Schutzgebiet erklärt. Später beschloß man, die Parkgrenzen zu verlegen und den ganzen östlichen Teil mit Ausnahme des wildreichen Ngorongoro-Kraters an die Massai-Hirten abzutreten und zum Ausgleich ein Gebiet im Norden des Parks anzugliedern. Diese Parkgrenzen sind aber nur sinnvoll, wenn sie ganzjährlich das Aufenthaltsgebiet der großen Serengetiherden umschließen, denn außerhalb der Parkgrenzen wird das Wild intensiv bejagt. Englische und deutsche Forscher traten nun auf und versuchten, die Bestände des Serengetiwildes zu erfassen und die Art und Ursache ihrer Wanderungen festzustellen. Besonders verdient bei der Abklärung dieser Probleme machte sich der Frankfurter Zoodirektor, Dr. B. Grzimek. Er führte Zählungen durch, markierte die Tiere und beobachtete sie auf ihren Wanderungen. Die Hauptresultate seiner Arbeit sind folgende:

1. Der Gesamtwildbestand des Serengeti-Nationalparks beträgt nur rund 367 000 Tiere, statt wie bisher geschätzt eine Million.

2. Die Herden führen periodisch Wanderungen aus, die sie zeitweise sowohl aus dem Gebiet der früheren wie auch der neu vorgeschlagenen Parkgrenzen herausführen.

3. Hauptursache dieser Wanderungen sind bestimmte Gräser, welche die Weidetiere allem anderen Futter vorziehen, und die zu bestimmten Jahreszeiten nur außerhalb des Parkes vorkommen.

Aus diesen Resultaten müssen wir folgende Schlüsse ziehen: Der viel kleinere als ursprünglich geschätzte Tierbestand muß besser überwacht werden. Es müssen neue Grenzen festgelegt werden, welche die wandernden Herden das ganze Jahr schützen. So und ähnlich müssen für jede Naturschutzmaßnahme die nötigen wissenschaftlichen Kenntnisse erarbeitet werden, bevor man sie vernünftig planen kann.

Konservierender Naturschutz

Der konservierende Naturschutz möchte Bestehendes erhalten. Naturschutzmaßnahmen einfachster Art sind gesetzliche Bestimmungen zum Schutz der Landschaft, der Tier- und Pflanzenwelt. In bezug auf Jagd und Fischerei kennt man schon lange verschiedenste Schonbestimmungen, welche die Erlegung gewisser Tierarten zu bestimmten Zeiten untersagen oder für einzelne Tierarten eine jährliche Höchstabschußquote festsetzen. Leider werden solche Bestimmungen oft ausschließlich von Kreisen der Jägerschaft festgelegt, ohne daß man die Biologen zum Wort kommen läßt. Nicht, daß ich den Jägern den guten Willen zur Erhaltung ihres Wildbestandes absprechen möchte. Im Gegenteil, oft werden die jagdlich interessanten Wildarten, wie Hirsch und Reh, übertrieben geschützt, und gewisse Vorschriften schaden dem biologischen Gleichgewicht eines Reviers mehr, als sie nützen, so etwa die unsinnige Forderung zur „Kurzhaltung des Raubzeuges" oder der auf einer zwar ehrenwerten, aber völlig unbiologischen Jagdethik beruhende Sonderschutz für weibliche Tiere.

Häufig versucht man Tierarten zu erhalten, indem man sie unter absoluten Schutz stellt. Bei den Pflanzen ist man in dieser Hinsicht bereits weitergekommen, indem in den meisten europäischen Ländern eine große Anzahl Pflanzen, wie etwa der Frauenschuh (Cypripedium calceolus), geschützt sind. In einigen

Ländern hat man sich immerhin zum Schutz des Steinadlers und des Uhus entschlossen. Immer mehr drängt sich aber die Forderung nach einem totalen Raubvogel- und Eulenschutz auf, ebenso der totale Schutz bestimmter Raubtiere, wie Luchs, Wildkatze, Fischotter und Baummarder (Martes martes). Leider müssen sich diese Forderungen gegen einen hartnäckigen Widerstand in der Bevölkerung durchsetzen, da in weiten Volkskreisen immer noch die unsinnigsten Vorstellungen über die Schädlichkeit der Raubtiere grassieren. Die völlig unwahren Schauergeschichten über kinderraubende Adler sind nur schwer zu bekämpfen, und wenn irgendwo in Europa ein phantasievoller Kopf Luchsspuren festzustellen glaubt, verbreitet die Presse unsinnige Kommentare über die Gefährlichkeit dieses „blutrünstigsten aller Raubtiere“, meist vorbehaltlos den in dieser Beziehung verheerend wirkenden Schilderungen aus Brehms Tierleben entnommen. Eine der verfolgtesten Wildarten in Europa, die praktisch nirgends Schutz genießt, ist das Wildschwein. Wo immer dieses imposante Großwild auftaucht, fühlen die Jäger, daß ihre große Stunde gekommen sei. Sie rotten sich zusammen und bringen das Tier um, gleichviel, ob es sich um einen Keiler, eine führende Bache oder gar um Frischlinge handelt. Die Aussicht, mit der ersehnten Beute zusammen im Lokalblatt abgebildet und gefeiert zu werden, läßt sogar die vielgepriesene Jagdethik vergessen. Dabei dürfen wir natürlich nicht vergessen, daß Wildschweine an Äckern und Fluren beträchtlichen Schaden anrichten können. Für Schäden, die dem Bauern oder dem Forstwirt durch geschützte Tierarten erwachsen, müßte natürlich der Gesetzgeber aufkommen. Diese Schäden bewegen sich jedoch in einer Größenordnung, die sich im Vergleich zu anderen Ausgaben eines modernen Staates verschwindend klein ausnimmt.

Staatliche Schutzbestimmungen haben nur dann einen Sinn, wenn Gewähr für ihre Durchführung geboten wird. So sind ausreichend ausgebildete Wildhüter notwendig, und bei den Jägern müssen genaue Art- und Gesetzeskenntnisse vorausgesetzt werden. Vielerorts führt man zu diesem Zwecke mit Erfolg Jagdprüfungen durch. Schlimm steht es um die Einhaltung von Schutzbestimmungen vor allem in Tropengebieten. Die Eingeborenen-Stämme, oft Analphabeten, kümmern sich keinen Deut um obrigkeitliche

Verordnungen, und die Anstellung ausreichend ausgebildeter, bewaffneter Wildhüter in großer Zahl ist aus finanziellen Gründen meist nicht möglich.

Andere Möglichkeiten des konservierenden Naturschutzes sind Hegemaßnahmen. Durch bestimmte Vorrichtungen, wie die Anlage von Salzlecken, das Anbringen von Bruthöhlen, das Aufhängen künstlicher Schwalbennester, durch Schutz von Feldgehölzen, können wir manchen Tierarten helfen, ihren Bestand zu vergrößern. Andere wichtige tierhegerische Aufgaben bestehen in der Schaffung kleiner Tümpel als Laichplätze für Amphibien oder in der Erhaltung größerer Riedlandschaften als Rastgebiete für durchziehende Watvögel (Abb. 60). Nicht alle unsere Hegebemühungen

Abb. 60. Sumpfgebiet in Südfrankreich. Solche Ried- und Sumpfgebiete spielen eine wichtige Rolle für das Klima einer Region, aber auch als Raststätte für durchziehende Zugvögel. Aufn. B. Gagnaire/ World Wildlife Fund

sind jedoch erfolgreich und sinnvoll. Wenn wir beispielsweise Starenbrutkästen aufhängen, so führt dies zu einer unliebsamen Massenvermehrung des Stars. Auch die Winterfütterung der Singvögel mit Hanf- und Sonnenblumensamen ist keine im Sinne des Naturschutzes wirksame Maßnahme, da man mit dieser Fütterung in erster Linie den körnerfressenden Singvögeln, dem Sperling,

dem Grünfinken und dem Buchfinken, hilft, für die der Tisch in
der Natur auch um diese Jahreszeit gedeckt ist. Kälte und Schnee
setzen anderen Vogelarten viel stärker zu, so vor allem den Raub-
vögeln und Eulen, welchen man durch Auslegen von Schlächterei-
abfällen sinnvoll helfen kann. Jede hegerische Maßnahme soll
deshalb vor ihrer Durchführung auf ihre biologischen Konsequenzen
durchdacht werden.

Die klassische Methode des konservierenden Naturschutzes ist
die Schaffung von Reservaten. Dabei unterscheiden wir Teil-
reservate, wie Brutreservate, Gelände, die zur Brutzeit der Vögel
nicht betreten werden dürfen; Pflanzenreservate, in welchen das
Pflücken von Pflanzen verboten ist; Schongebiete, in welchen
Jagdverbot besteht etc., sowie Totalreservate, in welchen Landschaft, Tiere und Pflanzen geschützt sind.

Reservate erfüllen eine wichtige Rolle. Als Schwerpunkt des
Naturschutzes bieten sie gelichteten Tierbeständen Gelegenheit,
sich zu erholen. Da sich das Leben in Reservaten weitgehend
ungestört entwickeln kann, wandern aus den Reservaten stets
überzählige Tiere in die umliegenden Nutzungszonen ab, somit
sind Reservate Reservoire für die Jagd. Reservate ermöglichen
ferner der Forschung, das Leben unter weitgehend natürlichen
Bedingungen zu studieren, und schließlich stellen sie vielerorts
touristische Attraktionen dar, die vor allem den Entwicklungs-
ländern die begehrten Devisen bringen können. Es ist deshalb wün-
schenswert, daß ein möglichst dichtes Netz von Reservaten unsere
Erde überzieht (Abb. 61).

Es ist jedoch ein verhängnisvoller Fehler zu glauben, man dürfe
ein Reservat, einmal geschaffen, sich selbst überlassen in der Mei-
nung, die Natur finde ihren Weg schon allein. Die irrige Auf-
fassung, man diene der Sache des Naturschutzes am meisten, wenn
man ein Gebiet hermetisch von der Einwirkung des Menschen
abschließe, ist vor allem bei den Naturschützern der älteren Generation verbreitet. Es hat sich nämlich gezeigt, daß Reservate von
wissenschaftlich kompetenter Stelle überwacht werden müssen
und daß der Mensch nötigenfalls regulierend eingreifen muß. Als
man beispielsweise bestimmte Zonen auf den westfriesischen Inseln
zu totalen Vogelschutzgebieten erklärte, stellte es sich bald heraus,
daß die Silbermöwen, arge Nesträuber, sich stark vermehrten und

für alle anderen Vogelarten des Gebietes eine Gefahr wurden. So mußten Maßnahmen zur Verminderung des Silbermöwenbestandes ergriffen werden. Im Schweizerischen Nationalpark, dessen Unantastbarkeit vom Staat garantiert wird, muß früher

Abb. 61. Karte der afrikanischen Reservate und Nationalparks

oder später einmal der Bestand der unbeschränkt sich vermehrenden Hirsche gelichtet werden, sonst droht der Vegetation des Gebietes die Vernichtung.

Zahlreiche unserer Ried- und Heidegebiete können nicht sich selbst überlassen werden. Wenn diese Gebiete nicht alljährlich zur Streuegewinnung geschnitten oder mit Schafen beweidet werden, so breitet sich nach wenigen Jahrzehnten der Wald aus. Die meisten Ried- und Heidegebiete sind keine ursprünglichen Naturlandschaften. Auch sie waren früher größtenteils mit Wald bedeckt, so z. B. die Lüneburger Heide. Als vor Jahrzehnten die Schafhaltung in diesem Gebiet nicht mehr lohnend war, kam es zu einer unerwarteten und heute noch fortschreitenden Ausbreitung der Wälder (Abb. 62). Alljährliches Abschneiden der Riedgras-

Abb. 62. Lüneburger Heide. Im Hintergrund ist der vordringende Wald erkennbar. Aufn. V. Ziswiler

bestände und Beweidung ist deshalb unerläßliche Voraussetzung für die Erhaltung dieser Landschaften.

Die Gründe, weshalb wir Reservate ständig überwachen und gelegentlich korrigierend einwirken müssen, sind folgende: Viele Naturschutzgebiete sind gar keine ursprünglichen Naturlandschaften und verdanken ihre Entstehung und ihr biologisches Gleichgewicht dem Menschen. Oft waren sie bereits zur Zeit ihrer Gründung geschädigt. Ihr biologisches Gleichgewicht ist verschoben, und bis sich ein neuer Gleichgewichtszustand eingestellt hat, muß ständig regulierend eingegriffen werden. Im Falle zahlreicher europäischer Reservate fehlten bei der Gründung wesentliche Faunenelemente, vor allem Raubtiere in größerer Zahl, so daß die Pflanzenfresser sich zum Schaden der Pflanzenwelt zu stark vermehrten.

Die meisten Reservate sind zu klein, als daß sie autonom existieren könnten. Ständig sind sie von der Randzone her durch die umliegende Umwelt beeinflußt, beispielsweise durch einwandernde verwilderte Hauskatzen, wildernde Hunde etc., und ein absolut natürliches Gleichgewicht kann sich so nie einstellen.

Haltung und Zucht bedrohter Tierformen in Gefangenschaft

Die letzte Möglichkeit, bedrohte Tierarten zu erhalten, besteht im Versuch, sie in Gefangenschaft zu züchten. Die Tiergärtnerei hat in dieser Hinsicht manch ermutigenden Erfolg zu verzeichnen. Einige Tierarten existieren überhaupt nur noch in Gefangenschaft oder in gehegten Beständen, so der Davidhirsch (Elaphurus davidianus) (Abb. 63), eine große Hirschart, die der

Abb. 63. Davidhirsch. Aufn. V. ZISWILER

Lazaristenpater ARMAND DAVID 1861 in den kaiserlichen Palastgärten zu Peking entdeckte. Der Davidhirsch lebt heute in zahlreichen Tiergärten der Welt; in Freiheit war er bereits zur Zeit seiner Entdeckung ausgestorben.

Berühmte Zuchtbestände existieren auch vom Wisent und vom Asiatischen Wildpferd (Equus przewalski). 1923 bildete man eine Gesellschaft zur Erhaltung des Wisents und gründete ein internationales Zuchtbuch, und dank energischer Hegebemühungen konnte der Bestand bis 1939 auf 100 reinblütige Tiere vermehrt werden. Seit 1929 gab es im Urwald von Bialowieza (Polen) wieder freilebende Wisente (Abb. 64), von welchen 15 Tiere den

Abb. 64. Wisente. Aufn. M. MEYER-HOLZAPFEL/World Wildlife Fund

zweiten Weltkrieg überlebten. Mit diesen Tieren wurde erneut eine Zucht aufgebaut. Unter der Leitung von K. KRYSIAK wurde ein eigenes Forschungszentrum für den Wisent eingerichtet. 1952 konnte man aus den Gehegen bereits die ersten Wisente in die Freiheit entlassen. Heute leben wieder über 50 Wisente frei im Urwald von Bialowieza.

Eine ähnliche Zucht, über viele Tiergärten verteilt, wird mit dem Asiatischen Wildpferd betrieben. Das Asiatische Wildpferd wurde 1879 vom russischen Offizier und Forschungsreisenden PRZEWALSKI in der Mongolei entdeckt. Es ist der einzige heute noch lebende Vertreter der echten Wildpferde (Abb. 65). Seine

Abb. 65. Urwildpferd. Aufn. V. ZISWILER

Heimat sind die Hochsteppen der Dsungarei, wo nach Schätzungen noch zwei bis drei Dutzend Tiere überleben. Indessen hat man seit Jahrzehnten in Tiergärten eine Zucht dieser Tiere aufgebaut, die auf Erstimporte von HAGENBECK um die Jahrhundertwende zurückgeht. Am 1. Januar 1964 lebten 110 Wildpferde in Gefangenschaft, also weit mehr, als in Freiheit noch vorkommen.

1951 war der Bestand der Hawaiigans (Branta sandvicensis) (Abb. 66) in ihrer Heimat auf 30 Individuen gesunken. Die letzten Tiere wurden evakuiert, und unter der Leitung von PETER SCOTT, Severn Wildfowl Trust, England, wurde die Zucht in Gefangenschaft aufgebaut. Die Aktion verlief dermaßen erfolgreich, daß 1960 bereits 135 Tiere existierten und daß man zur Zeit die ersten Gänse in Hawaii aussetzen kann.

Vielversprechende Anfänge von Zuchten seltener Tiere gelangen in letzter Zeit beim Indischen Panzernashorn, beim Orang-

Abb. 66. Hawaiigänse. Aufn. F. VOLLMAR/World Wildlife Fund

Utan, beim Gorilla und neuerdings bei der Arabischen Oryxantilope.

Wertvolle Arbeit bei der Erhaltung gefährdeter Tierarten können aber auch private Tierhalter leisten. So werden in den Gehegen mancher privater Vogelliebhaber zahlreiche seltene australische Sittiche, wie Paradiessittich (Psephotus) und Schönsittich (Neophema), gezüchtet, die zum Teil in ihrer Heimat bereits ausgerottet sind. Allerdings ist es wichtig, daß private Züchter seltener Tiere sich organisieren und gemeinsame Bestandskontrollen durchführen.

Der restituierende Naturschutz versucht, frühere Zustände in der Natur wieder herbeizuführen. Am dringendsten wiederhergestellt werden müssen unsere Gewässer. Zum restituierenden Naturschutz gehören aber auch Aufforstungen und die Wiederaussetzung bestimmter Tierarten in ihrem ursprünglichen Lebensraum.

Eines der eindrücklichsten Beispiele einer gelungenen Wiederaussetzung stellt die Wiedereinbürgerung des Steinwildes (Abb. 67)

Abb. 67. Alpensteinbock. Aufn. A. Rauch

in der Schweiz dar. Dieses imposanteste Alpenwild war bereits im 18. Jahrhundert im ganzen Nordalpengebiet ausgerottet. Einzig im italienischen Aostatal überlebten wenige Dutzend Steinböcke, die 1821 durch die piemontesische Regierung und später durch Ernennung dieses Gebietes zum königlichen Jagdrevier geschützt wurden. Nach der Gründung der italienischen Republik wurde dieses Revier in den Gran-Paradiso-Nationalpark umgewandelt.

Im Laufe des 19. Jahrhunderts wurden viele gutgemeinte Versuche unternommen, das Steinwild in der Schweiz wieder anzusiedeln. Dabei versuchte man, Bastard-Steinwild, hervorgegangen aus der Kreuzung von Hausziegen mit Steinböcken, auszusetzen, was immer mißlang. Zu Beginn des 20. Jahrhunderts entschloß sich die St. Galler Wildparkgesellschaft, die Einbürgerung des Steinwildes in die Hand zu nehmen. Nach anfänglichen Mißerfolgen mit Bastarden und Schwierigkeiten, echtes Steinwild aus Italien zu bekommen, schmuggelte man 1906 die ersten drei Steinkitze aus Italien über die Schweizer Grenze. Später konnte man den Grundstock durch legale Käufe auf 34 Tiere erhöhen. Vorerst baute man mit diesen Tieren in zwei Tierparks Zuchtstämme auf, dann wagte man sich an Aussetzungen. 1911 wurden die ersten Tiere in den Grauen Hörnern freigelassen. Von den weiteren Aussetzungen mißlangen einige, die meisten aber konnten sich mit Erfolg halten. Mehrere Kolonien entwickelten sich im Verlaufe der Zeit dermaßen günstig, daß sie zu Mutterkolonien wurden, indem man von ihren Tieren an anderen Orten aussetzte. In den drei Großkolonien Piz Albris, Augstmatthorn und Mont Pleureur wurden zwischen 1946 und 1960 549 Tiere eingefangen und anderswo ausgesetzt. Heute gibt es in der Schweiz 40 Steinwildkolonien mit einem Bestand von rund 3500 Tieren. Von der Schweiz aus besiedelt der Steinbock durch Auswanderung oder durch bewußte Aussetzung weitere Gebiete der Nordalpen.

Nicht alle Tiere eignen sich allerdings zur Aussetzung, denn die wichtigste Voraussetzung für einen derartigen Versuch ist das Vorhandensein noch ausreichenden natürlichen Lebensraumes. So wäre an eine Wiedereinbürgerung des Wolfes in Mitteleuropa gar nicht zu denken, und es ist fraglich, ob wir im Alpengebiet noch über genügend geeignete Landschaften zur Wiedereinsetzung von Bären verfügen. Zwar ist der Bär viel seßhafter als der Wolf, aber er stellt hohe Ansprüche an die Nahrung. Er braucht vor allem ausgedehnte Beerenbestände und viel Fallwild im Frühling, sonst vergreift er sich an Haustieren.

Von allen einheimischen Großraubtieren könnte am ehesten der Luchs wieder eingesetzt werden. Er benötigt zwar ausgedehnte Wäldereien, ernährt sich aber vorwiegend von Vögeln und kleineren Säugetieren. Als außergewöhnlich scheues und einzelgängerisches Tier würde er nie Menschen belästigen, geschweige denn bedrohen, wie vielerorts befürchtet wird.

Die Bewirtschaftung der Natur — Wildlife Management

Der Mensch hat als Bewohner dieser Erde ein Anrecht auf Nutzung der Natur und ihrer Hilfskräfte, dies dürfen wir nie vergessen. Der Mensch darf jedoch die Natur nicht übermäßig nutzen, sonst zerstört er sie. Es gehört deshalb zur Aufgabe des neuzeitlichen Naturschutzes, Nutzungsmöglichkeiten der Natur zu erforschen und zu propagieren. Damit tritt der Naturschutz in eine neue Phase; er betont nicht mehr die Gegensätzlichkeiten zwischen Natur und Mensch, sondern er betrachtet den Menschen als einen Bestandteil der Natur, den es so in den Naturhaushalt einzupassen gilt, daß beide Teile davon profitieren. Diesem dynamischen und integrierenden Naturschutz gehört die Zukunft.

Eine derart vernünftige Naturnutzung strebt die moderne Forstwirtschaft an. Man hat seit einigen Jahrzehnten erkannt, daß zu einseitig bestandene Kunstforste auf die Dauer mehr Nachteile als Vorteile bringen, und geht deshalb vielerorts dazu über, die Wälder wieder natürlicher zu bestocken. Auch die waldbaulichen Betriebsformen sind andere geworden. An Stelle des früher angewandten Kahlschlagbetriebes mit seiner bodenzerstörenden Wirkung ist man zum natürlichen Femelschlagbetrieb mit kleinen Schlagflächen und weitgehend natürlicher Verjüngung oder zum Plenterwaldbetrieb übergegangen. Der Plenterwald ist die natürlichste Form des Hochwaldes, wo die zu schlagenden Bäume über den ganzen Wald verteilt sind, also keine Kahlschlagflächen mehr entstehen, und wo die natürliche Verjüngung an allen Stellen auftritt. Diese Nutzung ist auf die Dauer ertragreicher, und die Waldformen entsprechen mehr natürlichen Lebensräumen (Abb. 68, 69).

Abb. 68. Kahlschlagbetrieb in Württemberg. Der Boden der Kahlschlagflächen ist schutzlos der Witterung und dem Wasser preisgegeben und dadurch sehr gefährdet. Solch
schroffe waldbauliche Eingriffe werden zum Glück zunehmend seltener. Aufn. F. KURTH,
FVA, Birmensdorf

Eine der ältesten Bewirtschaftungsmethoden ist die Binnen-
fischerei. Hier werden die durch die Fischereierträge verminderten
Bestände durch Aussetzung von in Fischbrutanstalten herangezo-
genen Jungfischen kompensiert. Seit dem zweiten Weltkrieg befaßt
man sich intensiver mit der Nutzung verschiedener anderer Tier-

96

bestände. Vor allem in den USA und in der Sowjetunion wurde
in dieser Hinsicht Pionierarbeit geleistet. In den USA entstanden
wegleitende wissenschaftliche Arbeiten über die Biologie der Gabel-
hornantilope (Antilocapra americana), des Dickhornschafes (Ovis

Abb. 69. Plenterwald. Der Plenterwaldbetrieb ist die natürlichste Form der Waldbewirt-
schaftung. Nebeneinander und übereinander kommen verschiedene Baumarten unterschied-
lichster Altersstufen vor. Die Nutzung des Plenterwaldes erfolgt an vereinzelten Bäumen,
verteilt über das ganze Waldareal. Aufn. A. KURTH, FVA, Birmensdorf

canadensis) und des Präriehuhns (Tympanuchus cupido attwateri).
Solche wissenschaftliche Studien sind die Voraussetzung für jede
erfolgreiche Bewirtschaftung von Tierbeständen.

In der Sowjetunion werden verschiedenste Pelztierarten bewirtschaftet. Seit einigen Jahren kann der einst seltene Seeotter pelzwirtschaftlich wieder genutzt werden. In Norwegen wird der 14 000 Tiere umfassende Biberbestand bewirtschaftet, von welchem alljährlich ein beträchtliches Kontingent an Tieren verwertet werden kann, ohne daß der Bestand dadurch verringert wird.

Die erste großangelegte Bewirtschaftung eines Herdentieres gelang den Russen mit der Saiga (Saiga tatarica). Diese asiatische Steppenantilope wurde im 19. Jahrhundert ihres Fleisches und ihres Gehörns wegen fast ausgerottet. 1919 wurde die Art unter totalen Schutz gestellt. 1940—1950 führten russische Wissenschaftler ein umfangreiches Programm zur Erforschung der Biologie dieses Tieres durch, wobei die wesentlichsten Fragen über Futterpflanzen, Wanderungen und Aufbau des Bestandes beantwortet werden konnten. Durch entsprechende hegerische Maßnahmen wuchs der Bestand von 1000 Tieren im Jahr 1930 auf

Abb. 70. Saiga-Antilope. Schwarze Punkte: Fossilfunde; schwarze Flecken: Verbreitungsareal um 1920; punktierte Fläche: heutiges Verbreitungsgebiet. Nach A. G. Bannikow

25 000 000 Tiere im Jahr 1960 an. Bereits 1950 begann man die Bestände zu nutzen. Zur Zeit erlegen spezielle Jagdbrigaden alljährlich 250 000 bis 350 000 Saigas, die 6000 Tonnen ausgezeichnetes Fleisch, 200 000 Quadratmeter Leder, Fette und chemische Rohstoffe liefern. Die Herden werden dauernd von einer wissenschaftlichen Equipe überwacht, welche die Nutzung so organisiert, daß keine Bestandesverminderung eintritt (Abb. 70).

Eingehende biologische Studien werden über die Bewirtschaftung der Seevogelkolonien durchgeführt. Vor allem die Japaner und die Russen sind an diesen Nutzungsmöglichkeiten interessiert. Man weiß heute, daß in solchen Brutkolonien 50—60% aller Eier durch verschiedene Umstände, z. B. durch Rattenfraß und Störung der Brutvögel, zugrunde gehen. Wenn der Mensch diese Verlustfaktoren teilweise beseitigt, kann er die Eierbestände vermehrt nutzen, ohne daß dadurch die betroffenen Vogelarten bedroht sind. Ferner hat man herausgefunden, daß sich durch einfache Maßnahmen, beispielsweise durch Säubern der Klippen und Brutfelsen von Geröll, die Brutdichte erhöhen läßt. Unter diesen Umständen lassen sich Vogelbrutgebiete rationell bewirtschaften. So kann man bis 40% der Eier der Erstgelege ohne Gefährdung der Vögel einsammeln lassen. In Neufundland, wo man die Vogelkolonien in erster Linie des Fleisches wegen bewirtschaftet, rechnet man mit 300 000—500 000 Vögeln pro Jahr.

Zur Schicksalsfrage für den Naturschutz schlechthin ist die Bewirtschaftung des Wildes in Afrika geworden. Wie nirgends auf der Erde kann man auch von den Afrikanern nicht mit rein ideellen Argumenten den Schutz ihrer Wildbestände fordern.

Eine Nutzungsmöglichkeit dieser Tierwelt und der afrikanischen Schutzgebiete ist die Touristik, die diesen Ländern beträchtliche Devisen einbringen kann. So brachte der Tourismus 1959 in Ostafrika 22 000 000 £ Gewinne. 1960 warf in Südafrika allein der Krügerpark 59 160 £ Reingewinn ab.

Schon seit einigen Jahren befaßt sich die Wissenschaft mit dem Problem, wie die afrikanischen Wildtierherden sonst bewirtschaftet werden können. Zwei Amerikaner, F. DASMAN und A. S. MOSSMAN, stellten einen großen Versuch an, um diese Frage zu beantworten. Ein 55 000 Hektar großes Farmgelände in Südafrika, zur Hälfte als Viehweide erschlossen, zur Hälfte Wildnis, wurde

a)

Abb. 71. Wildtiere als gute Vegetationsverwerter. a) Spitzmaulnashorn, Gebüsch ab-
weidend

b)

b) Giraffe; ihre Äsungszone sind die Baumkronen

100

c) Grantgazellen, die Grasnarbe beweidend

d) Elefant, Laub äsend. Aufn. C. A. W. Guggisberg/World Wildlife Fund

für diesen Versuch gewählt. Die kultivierte Fläche wurde mit Hausrindern bestoßen, im anderen Gebiet wohnte eine 15 verschiedene Tierarten umfassende Wildtierherde. Nach einiger Zeit wurden die Bestände in einem für die Bestandserhaltung vertretbaren Maß genutzt. 1100 Wildtiere konnten erlegt werden. Ihr Fleisch wurde an die Bevölkerung verkauft und die Häute verwertet. Dabei übertraf der Ertrag der Wildtierherde jenen der Haustierherde um rund ein Viertel. Dieser und später durchgeführte Versuche beweisen, daß in Afrika Wildtiere eine bessere Nutzung ermöglichen als unter den gleichen Bedingungen gehaltene Haustiere.

Die Gründe für die Überlegenheit der Wildtiere sind folgende:

1. Wildtiere sind weniger krankheitsanfällig, während Rinderherden oft tropischen Viehkrankheiten, z. B. der Trypanosomiase, übertragen durch die Tsetsefliege, zum Opfer fallen. Man schätzt, daß wegen der Tsetsefliege in den letzten Jahrzehnten mindestens 31 000 Tonnen Haustierfleisch verlorengingen.

2. Wildtiere sind widerstandsfähiger gegen Hitze und Trockenheit. In Gebieten, wo Wildtiere überleben, verdursten alljährlich Tausende von Rindern.

3. Die Wildtiere nützen die Vegetation gleichmäßiger aus, da ihre Herden aus verschiedenartigsten Tieren zusammengesetzt sind. So sind Giraffen und Elefanten Laubäser, Nilpferde nutzen die Flußufervegetation, Nashörner die verschiedensten Sträucher, während Zebras und Antilopen die Steppengräser abweiden (Abb. 71). Die Wildtiere können also Vegetationszonen erschließen, die den Haustieren unzugänglich sind, anderseits werden die einzelnen Vegetationszonen nicht überfordert. Die einseitig zusammengesetzte Rinderherde hingegen frißt sich Kopf an Kopf durch die Grasnarbe und verursacht so den gefürchteten Kahlfraß, der ein Gebiet verwüsten kann.

4. Wildtiere sind schnellwüchsiger, da sie seit Jahrtausenden an das Leben in der Steppe angepaßt sind. In einem Gebiet, wo Elenantilopen das respektable Durchschnittsgewicht von 320 kg erreichten, verhungerten sämtliche Rinder (Abb. 72).

Diese Tatsachen wirkten derart überzeugend, daß in Südafrika bereits viele Farmer von der Haustierhaltung auf Wildtiere umstellten. Auf den riesigen, oft Tausende von Hektar umfas-

a)

b)

Abb. 72. Vergleich zwischen Wildtier und Haustier in Afrika. Wo Wildtiere prächtig gedeihen a), verkümmern Hausrinder. b) Aufn. C. A. W. GUGGISBERG/World Wildlife Fund und Kenya Information Dept./World Wildlife Fund

senden Farmgeländen weiden nicht mehr Rinder, sondern Gnus, Zebras und Antilopen. Im Jahr 1959 konnten in Transvaal bereits 3593 Tonnen Wildtierfleisch verkauft werden. Heute betreiben allein in diesem Gebiet 3000 Farmer Wildbewirtschaftung. Das Wildlife-Management ist zu einem erstrangigen Wirtschaftsfaktor für die afrikanischen Völker geworden, indem es, wie die Forschungen ergaben, für weite Gebiete Afrikas die beste Nutzung des Bodens ermöglicht und zudem der chronischen Eiweißunterernährung großer Bevölkerungsteile abhelfen kann. Ein Mensch benötigt durchschnittlich 80 Gramm Eiweiß im Tag. Davon sollten 30 Gramm tierischer Herkunft sein. Die Bevölkerung Ostafrikas erhält aber im Durchschnitt täglich nur 56 Gramm Eiweiß, und davon stammen nur rund 5 Gramm von Tieren. Die nebst dem Fleisch anfallenden Häute liefern zudem ein wertvolles Rohmaterial für die Ausfuhr.

Heute wird praktisch in allen Teilen Afrikas an Wildlife-Management-Projekten gearbeitet. Die Bewältigung der auftretenden Probleme ist nicht leicht, da zu einer einwandfreien, sowohl rentablen als auch naturschützerisch befriedigenden Bewirtschaftung des Wildes wesentliche Voraussetzungen erfüllt sein müssen. Umfangreiche Forschungsarbeiten müssen durchgeführt werden, um die Biologie der zu nutzenden Tierarten gründlich zu erfassen und um die Nutzungsquote festzulegen. Auch während der Nutzung

Abb. 73. Büffelherde an Wasserstelle. Ausreichende Wasserstellen sind die wichtigste Voraussetzung für eine erfolgreiche Wildbewirtschaftung in Afrika. Aufn. C. A. W. Guggisberg/World Wildlife Fund

müssen die Bestände dauernd kontrolliert werden. Ferner ist zu bedenken, daß man einen Tierbestand nicht nutzen kann, ohne ihn zu schädigen, wenn man nicht gleichzeitig Maßnahmen zur Bestandserhöhung trifft. In Afrika sind diese Hegemaßnahmen relativ einfach zu erkennen. Das Hauptproblem für die meisten Herdentiere ist nämlich das Wasser (Abb. 73). Durch das Schaffen künstlicher Wasserstellen kann man die Vermehrung der Tiere dermaßen fördern, daß die durch die Nutzung entstandenen Ausfälle leicht kompensiert werden. Deshalb ist es nicht notwendig, wie vielfach geglaubt wird, die natürlichen Feinde der Herdentiere, die Raubtiere, zu dezimieren.

Eine weitere wichtige Voraussetzung für eine einwandfreie Bewirtschaftung ist schließlich die Organisation der Verwertung. Rationelle Fang- und Tötungsmethoden, die gestatten, Tiere einzufangen ohne die Herde zu stören, müssen entwickelt werden. Ferner ist es vor allem im tropischen Afrika wichtig, daß das Fleisch auf direktestem Weg zum Konsumenten gelangt oder aber sofort eingefroren werden kann, was umfangreiche technische Vorbereitungen erfordert.

Um den Afrikanern klarzulegen, daß ihre Wildtierbestände wertvollstes Nationalgut sind, ist viel Aufklärungsarbeit erforderlich. Zu diesem Zweck muß ein Stab von eingeborenen Wissenschaftlern, Überwachungspersonal und Verwaltungsbeamten herangezogen werden.

Die ost- und zentralafrikanischen Steppen und Savannengebiete eignen sich besonders gut für eine Bewirtschaftung. Sie erreichen die höchste bisher auf der Erde beobachtete Biomasse (Anzahl Kilogramm tierischer Substanz pro Quadratkilometer).

Vergleich der Biomassen verschiedener Zonen:

Afrika:	Wüste (Sahara, Kalahari)	0,3— 190 kg
	Savanne (Südkivu)	2 000— 3 000 kg
	Akaziensavanne (Kenia)	15 000 kg
	Feuchtsavanne (Uganda, Ostkongo)	18 000—31 000 kg
Asien:	Kirgisensteppe (Saigaantilope)	350 kg
Nordamerika:	Nordkanada (Karibu)	800 kg
Europa:	Schottisches Hochland (Rothirsch)	1 000 kg

Kommissionen der UNESCO und internationale Naturschutzorganisationen haben Empfehlungen für die Durchführung der
Naturbewirtschaftung in Afrika ausgearbeitet. Sie schlagen unter
anderem vor, die afrikanischen Gebiete in 3 Zonen zu unterteilen:

1. Kulturzonen: Geeignet für Landwirtschaft, vor allem Ackerbau und Industrie. Die Tiere sind hier nicht geschützt, sie können
getötet oder vertrieben werden.

2. Wildbewirtschaftungszonen: Hier werden Wild- und Haus-
tierherden bewirtschaftet. Diese Zonen müssen gut überwacht werden, damit das biologische Gleichgewicht nicht gestört wird.

3. Naturzonen: a) Reservate und Parks mit weitgehendem
Naturschutz, ohne menschliche Siedlungen. b) Waldgebiete mit
beschränkter Nutzung durch die waldbewohnenden Eingeborenen-
stämme. c) Flüsse, Seen, Sümpfe, deren Fauna und Flora geschützt
ist, jedoch nach bestimmten Anweisungen genutzt werden kann,
z. B. durch Fischerei, Krokodil- und Flußpferdfang.

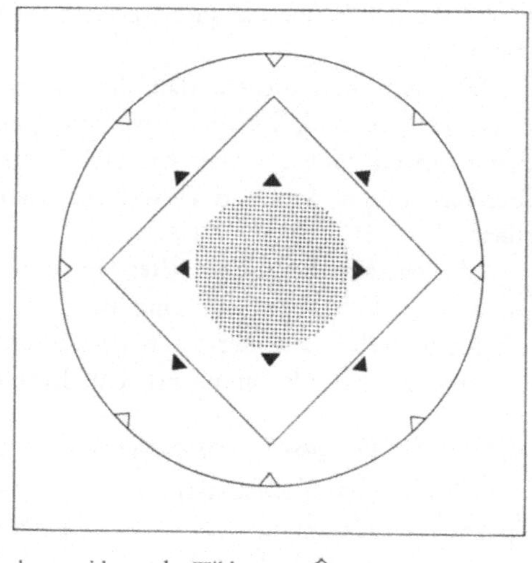

Abb. 74. Schema der Zonenplanung für Wildbewirtschaftung in Afrika

Im einzelnen wird die Verteilung von Reservaten, Nutzungs- und Kulturzonen so empfohlen, daß Reservate und Kulturzonen nie direkt aneinander stoßen, sondern daß immer die Bewirtschaftungszone als Pufferzone dazwischen zu liegen kommt (Abb. 74).

Die Bemühungen um dieses Wildlife-Management beginnen bereits schöne Erfolge zu zeitigen. Am Edward- und Georgsee nutzt man heute systematisch die Flußpferdbestände, die einen jährlichen Ertrag von rund 2000 Tieren abwerfen. Das außergewöhnlich zarte und eiweißhaltige Fleisch wird an die Bevölkerung verkauft. Für die Moorantilopen in Nordrhodesien hat man einen Fleischertrag von jährlich 2 Millionen Kilogramm errechnet; ein ähnliches Nutzungsprojekt wird zur Zeit für die Kob-Antilopen im Semlikigraben ausgearbeitet. Schließlich hat man im Murchison-Nationalpark damit begonnen, die Elefantenherden zu nutzen, indem man vom 12 000 Tiere umfassenden Bestand jährlich 1000 Tiere zum Abschuß freigibt.

Schlußbemerkung

Nach den wahrhaft niederschmetternden und entmutigenden Tatbeständen, wie wir sie in den letzten Kapiteln kennenlernten, stellen wir mit einer gewissen Erleichterung fest, daß der moderne Naturschutz tatsächlich über wirksame Methoden verfügt, der fortschreitenden Zerstörung der Natur Einhalt zu gebieten, und zwar so, daß dadurch die Entfaltung des Menschen nicht gehemmt wird. Die trefflichsten Erkenntnisse nützen aber nichts, wenn sie nicht weltweit und mit aller Energie in die Tat umgesetzt werden, wenn der Naturschutzgedanke nicht Allgemeingut wird und wenn die Regierenden nicht erkennen, daß Naturschutz in letzter Konsequenz Menschenschutz ist. Die Verbreitung der Naturschutzidee liegt in den Händen nationaler und internationaler Organisationen, von welchen zwei unsere besondere Aufmerksamkeit verdienen, die Internationale Naturschutzunion IUCN und der World Wildlife Fund WWF. Diese beiden Organisationen ergänzen sich, indem vom IUCN aus vor allem Naturschutzforschung, Bestandserhebungen und Projektierung von Schutzmaßnahmen betrieben werden, während der WWF unter dem Symbol des Riesenpanda diese Aufgaben koordiniert und die nötigen finanziellen Mittel zu beschaffen sucht.

Die Tätigkeit der verschiedenen Naturschutzorganisationen hat heute ermutigende Anfangserfolge zu verzeichnen. So wurden wichtigste Vorarbeiten für wirksame Naturschutzmaßnahmen geleistet, z. B. die Herausgabe eines Rotbuches durch den IUCN. In diesem Rotbuch, das laufend ergänzt wird, sind sämtliche verfügbare Angaben über die Bestände und die Art der Bedrohung selten gewordener Tierarten zusammengetragen. In verschiedenen Ländern, so auch in der Schweiz, wurden die schützenswerten Landschaften von nationaler und internationaler Bedeutung inventarisiert und Maßnahmen zu ihrem Schutz erörtert. Im sog. Projekt MAR registriert man sämtliche bedeutenden Ried- und Sumpflandschaften Europas und leitet ihren Schutz in die Wege. Der bisher schönste Erfolg dieses Projektes ist zweifelsohne der Schutz des mehr als 250 000 ha großen Deltagebietes des Guadalquivir in Spanien. Diese einzigartige Naturlandschaft mit ihrer reichen Fauna und Flora konnte dank der Initiative des WWF und dem Entgegenkommen der spanischen Regierung unter totalen Schutz gestellt werden.

Diese und ähnliche Erfolge in der ganzen Welt berechtigen zwar zu guten Hoffnungen, doch stellen sie erst einen winzigen Teil all jener Maßnahmen dar, die notwendig sein werden, um der zunehmenden Verarmung der Natur und im besonderen der weiteren Ausrottung von Tierformen wirksam entgegenzutreten.

Anhänge

Zusammengestellt nach GREENWAY (1958), HARPER (1945), ALLEN (1942) und IUCN-Bulletins (1964).

Zeichenerklärung:

Bejagung wegen Fleisch oder Fetten	A
Bejagung wegen Fell oder Federn	B
Bejagung wegen Trophäen oder Souvenirs	C
Bejagung aus Vergnügen oder Schießlust	D
Sammeln von Eiern und Jungen	E
Lebendfang für den Tierhandel	F
Heilaberglaube	G
Bekämpfung als vermeintliche Schädlinge	H
Biotopveränderung infolge Waldzerstörung	I
Biotopveränderung infolge Entwässerung	K
Biotopveränderung infolge Zivilisation oder Monokultur	L

Faunenfälschung durch Ziegen oder Schafe (Vegetationszerstörung)   M
Faunenfälschung durch Kaninchen (Bodenzerstörung)   N
Faunenfälschung durch verwilderte Hunde   O
Faunenfälschung durch verwilderte Katzen   P
Faunenfälschung durch verwilderte Schweine   Q
Faunenfälschung durch Ratten   R
Faunenfälschung durch Füchse   S
Faunenfälschung durch Schleichkatzen (Mungo)   T
Faunenfälschung durch Marderartige (Iltis, Wiesel)   U
Eingeschleppte Tierkrankheiten   V

Anhang I

Verzeichnis der ausgerotteten Vogel- und Säugetierformen

Zweistellige Zahlen geben das Jahrhundert der Ausrottung an, vierstellige Zahlen das Jahr, in welchem das letzte Individuum verschwand.

Vögel

Strauße

Arabischer Strauß Struthio camelus syriacus	Arabien	20 D

Kasuare

Tasmanischer Emu Dromaius novaehollandiae diemensis	Tasmanien	19 H
Känguruhinsel-Emu Dromaius novaehollandiae diemenianus	Känguruh-Insel	19 I

Sturmvögel

Guadalupe-Wellenläufer Oceanodroma macrodactyla	Guadalupe	20 P

Ruderfüßler

Brillenkormoran Phalacrocorax perspicillatus	Kommandeur-Inseln	1852 B E

Raubvögel

Guadalupe-Karakara Polyborus lutosus	Guadalupe	1900 H M

Schreitvögel

Bonin-Nachtreiher Nycticorax caledonicus crassirostris	Bonin-Inseln	1889 L P

Gänsevögel

Washington-Insel- Schnatterente Anas strepera couesi	Washington-Insel	19 L
Labradorente Camptorhynchus labradorius	Östl. Nordamerika	1875 A L
Auckland-Säger Mergus australis	Auckland-Inseln	1901 R A
Hauben-Brandente Tadorna cristata	Korea	1916 A B

Hühnervögel

Neuseelandwachtel Coturnix novae-zelandiae	Neuseeland	19 V
Himalaya-Bergwachtel Ophrysia superciliosa	Himalaya	19 A
Kupidohuhn Tympanuchus cupido cupido	Osten der USA	1932 I D

Kuckucksvögel

Madagaskar-Kuckuck Coua delalandei	Madagaskar	20 L

Kranichvögel

Rotschnabelralle Rallus pacificus	Tahiti	19 R P
Einfarbralle Amaurolimnas concolor concolor	Jamaica	1881 T
Streifenralle Rallus dieffenbachii	Chatham-Insel	19 P R
Wake-Ralle Rallus wakensis	Wake-Insel	20 A
Auckland-Ralle Rallus muelleri	Auckland-Inseln	19 P
Cathamralle Cabalus modestus	Chatham-Insel	19 M N
Laysanralle Porzanula palmeri	Laysan	20 R
Hawaii-Ralle Pennula sandwichensis	Hawaii	19 T
Karolinaralle Aphanolimnas monasa	Kusaie-Insel	19 R
Fidji-Ralle Nesoclopeus poeciloptera	Viti-Levu	20 T
Samoaralle Pareudiastes pacificus	Samoa	20 P R

Mauritiusralle	Mauritius	17 A
Aphanapteryx bonasia		
Blatthühnchenralle	Vulkan-Inseln	20 R P
Poliolimnas cinereus brevipes		
Tristan-Teichhuhn	Tristan da Cunha	19 O
Gallinula nesiotis nesiotis		
Weißes Sultanshuhn	Lord Howe-Insel	19 A
Porphyrio albus		

Möwen-Watvögel

Gesellschaftsläufer	Gesellschaftsinseln	19 Q
Prosobonia leucoptera		
Eskimobrachvogel	Nordamerika	20 A L
Numenius borealis		
Riesenalk	Nordatlantik	19 E
Alca impennis		

Taubenvögel

Mauritius-Fruchttaube	Mauritius	18 A
Alectroenas nitidissima		
Neuseeland-Fruchttaube	Norfolk-Insel	19 L
Hemiphaga novaeseelandiae spadicea		
Salomonen-Erdtaube	Choiseul-Insel	20 P
Microgoura meeki		
Wandertaube	USA	20 A D I
Ectopistes migratorius		
Blautaube	Puerto Rico	20 L
Columba inornata wetmorei		
Bonintaube	Bonin-Inseln	20 P
Columba versicolor		
Dodo	Maskarenen	17 A Q
Raphus cucullatus		

Papageien

Dünnschnabel-Kaka	Norfolk-Insel	19 H
Nestor meridionalis productus		
Guadeloupe-Amazone	Guadeloupe	18
Amazona violacea		
Culebra-Amazone	Culebra-Insel	20 F L
Amazona vittata graciliceps		
Kuba-Ara	Kuba	19 F H
Ara tricolor		
Puerto Rico-Sittich	Puerto Rico	19 L
Aratinga chloroptera maugei		
Karolinasittich	Südosten der USA	20 H
Conuropsis carolinensis		

Réunion-Sittich Mascarinus mascarinus	Réunion	19	I
Seychellen-Sittich Psittacula eupatria wardi	Seychellen	19	I
Rodriguez-Sittich Psittacula krameri exsul	Rodriguez	20	I
Mauritius-Sittich Lophopsittacus mauritianus	Mauritius	17	A
Rodriguez-Papagei Necropsittacus rodericanus	Rodriguez	17	A
Neukaledonien-Lori Vini diadema	Neukaledonien	20	I
Lord Howe-Ziegensittich Cyanorhamphus novaezealandiae subflavescens	Lord Howe-Insel	19	H
Macquarie-Ziegensittich Cyanorhamphus novaezealandiae erythrotis	Macquarie-Insel	20	P
Tahiti-Laufsittich Cyanorhamphus zealandicus	Tahiti	19	L
Ulieta-Laufsittich Cyanorhamphus ulietanus	Gesellschaftsinseln	18	

Eulen

Rodriguez-Eule Athene murivora	Rodriguez	17	L
Guadeloupe-Kanincheneule Speotyto cunicularia guadeloupensis	Maria-Galante- Insel	19	T
St. Christopher-Kanincheneule Speotyto cunicularia amaura	St. Christopher- Insel	19	T
Neuseelandeule Sceloglaux albifacies rufifacies	Neuseeland	19	L U
Seychellen-Ohreule Otus insularis	Seychellen	20	L

Nachtschwalben

Puerto Rico-Ziegenmelker Caprimulgus vociferus noctitherus	Puerto Rico	20	T
Jamaica-Ziegenmelker Siphonornis americanus americanus	Jamaica	19	P T

Rackenvögel

Riu Kiu-Eisvogel Halcyon miyakoensis	Miyako-Insel	19	

Spechtvögel

Guadalupe-Kupferspecht Colaptes cafer rufipileus	Guadalupe	20	M

Stephen-Schlüpfer Traversia lyalli	Stephen-Insel (Neuseeland)	20 P
Guadeloupe-Zaunkönig Troglodytes musculus guadeloupensis	Guadeloupe	20 T
Martinique-Zaunkönig Troglodytes musculus martinicensis	Martinique	20 T
Kurzschwanzzaunkönig Thryomanes bewickii brevicauda	Guadalupe	19 M
Inseldrossel Turdus poliocephalus vinitinctus	Lord Howe-Insel	20 P Q
Ulieta-Drossel Turdus ulietensis	Gesellschaftsinseln	18 P R
Bonin-Drossel Zoothera terrestris	Bonin-Inseln	20 P R
Oahu-Hawaiidrossel Phaeornis obscurus oahensis	Oahu-Insel	20 R
Molokai-Hawaiidrossel Phaeornis obscurus rutha	Molokai-Insel	20 R V
Lanai-Hawaiidrossel Phaeornis obscurus lanaiensis	Lanai-Insel	20 V
Laysan-Rohrsänger Acrocephalus familiaris familiaris	Laysan-Insel	20 L
Chatham-Grassänger Bowdleria rufescens	Pitt-Insel	19 L M
Viti Levu-Grassänger Trichocichla rufa	Fidji-Archipel	19 L
Graszaunkönig Amytornis goyderi	Australien	20 P
Inselschnäpper Gergyone igata insularis	Lord Howe-Insel	19 L
Tahiti-Monarch Pomaraea tabuensis	Tahiti	20 L
Fächerschnäpper Rhipidura flabellifera cervina	Lord Howe-Insel	19 L
Glockenhonigfresser Anthornis melanura melanocephala	Chatham-Insel	19 R
Schmalfederhonigfresser Chaetoptila angustipluma	Hawaii	19 L
Weißspitzen-Krausschwanz Moho apicalis	Hawaii	19 I
Hawaii-Krausschwanz Moho nobilis	Hawaii	20 I
Molokai-Krausschwanz Moho bishopi	Hawaii	20 I

Seychellen-Brillenvogel Zosterops strenua	Seychellen	20 I
Kleidervögel: 16 Formen Drepaniidae	Hawaii	19–20 I L P
Grundrötel Pipilo erythrophthalmus consobrinus	Guadalupe	19 M
Bonin-Fink Chaunoproctus ferreirostris	Bonin-Insel	19 L
St. Christopher-Kernbeißerammer Loxigilla portoricensis	St. Christopher-Insel	20 P
Galapagos-Kernbeißerfink Geospiza magnirostris	Galapagos	19 F
Sao Thomé-Weber Neospiza concolor	Sao Thomé-Insel	19 L
Réunion-Weber Foudia bruante	Réunion	18 L
Réunion-Star Fregilupus varius	Réunion	19 L
Lord Howe-Star Aplonis fuscus hullianus	Lord Howe-Insel	20 R
Kusaie-Star Aplonis corvina	Karolinen	20 R
Gesellschafts-Star Aplonis mavornata	Gesellschaftsinseln	19
Lappenhopf Heteralocha acutirostris	Neuseeland	20 I

Säugetiere

Beuteltiere

Beutelspitzmaus Antechinus apicalis	Australien	20 L
Streifenbeuteldachs Perameles fasciata	Australien	20 P S
Westlicher Beuteldachs Perameles myosura myosura	Australien	20 S P
Gaimard's Rattenkänguruh Bettongia gaimardi	Australien	20 S P
Gilbert's Rattenkänguruh Potorous gilberti	Australien	19 A
Breitgesicht-Rattenkänguruh Potorous platyops	Australien	20 S P
Toolach-Wallaby Wallabia greyi	Australien	20 S
Beutelwolf Thylacinus cynocephalus	Tasmanien	20 H

Insektenfresser

Antillen-Insektenfresser: 6 Formen Nesophontidae	Antillen	17–19 R T
Weihnachtsinsel-Spitzmaus Crocidura fuliginosa trichura	Weihnachtsinsel	20 P

Fledermäuse

7 Formen	Westindien	19–20 I

Halbaffen

Büschelohr-Matzenmaki Cheirogaleus trichotis	Madagaskar	19 I

Nagetiere

Stachelratten: 15 Formen Echimyidae	Antillen	17–20 T P
Hamster: 8 Formen Cricetidae	Antillen	17–20 T P
Altweltratten: 3 Formen Muridae	Malai. Archipel Australien	S P
Pacaranas: 2 Formen Dinomyidae	Mittelamerika Antillen	19 A

Seekühe

Stellers Seekuh Hydrodamalis gigas	Bering-Inseln	1768 A

Raubtiere

Seewiesel Mustela macrodon	Nordostküste der USA	19 B
Grizzlybär: 17 Rassen Ursus horribilis	Nordamerika	19–20 A H
Atlasbär Ursus crowtheri	Nordafrika	19 A H I
Langohrfuchs Vulpes macrotis macrotis	Südl. USA	19 H
Japanischer Wolf Canis hodophilax	Japan	20 H
Antarktis-Wolf Dusicyon australis	Falklandinseln	19 H
Neufundland-Wolf Canis lupus beothucus	Neufundland	20 H
Florida-Wolf Canis niger niger	Florida	20 H
Östlicher Puma Puma concolor couguar	Östliche USA	20 H

Europäischer Löwe Panthera leo europaea	Griechenland	O H
Kaplöwe Panthera leo melanochaitus	Südafrika	1865 H
Berberlöwe Panthera leo barbarus	Nordafrika	1922 H

Unpaarzeher

Syrischer Wildesel Equus hemionus hemippus	Syrien, Persien	1927 A
Algerischer Wildesel Equus asinus atlanticus	Nordafrika	
Quagga Equus quagga	Südafrika	1878 H
Burchell's Zebra Equus burchelli burchelli	Südafrika	20 H

Paarzeher

Arizona-Wapiti Cervus canadensis merriami	Arizona	1906 D I
Östlicher Wapiti Cervus canadensis canadensis	Östliche USA	19 I
Schomburgk's Hirsch Rucervus schomburgki	Siam	20 G
Dickhornschaf Ovis canadensis auduboni	Mittlerer Westen der USA	20 A D
Pyrenäensteinbock Capra pyrenaica pyrenaica	Pyrenäen	1910 A
Portugiesischer Steinbock Capra pyrenaica lusitanica	Westl. Pyrenäen	1892 A D
Rötliche Gazelle Gazella rufina	Algier	1920 A D
Blaubock Hippotragus leucophaeus	Südafrika	19 H
Nordafrikanische Kuhantilope Alcelaphus alcelaphus	Nordafrika	1920 A
Ur Bos primigenius	Europa	1627 A I
Östlicher Bison Bison bison pensylvanicus	Nordamerika	1825 A D
Oregon-Bison Bison bison oregonus	Nordamerika	1850 A D
Kaukasischer Wisent Bison bonasus caucasicus	Kaukasus	1830 A I

Anhang II

Verzeichnis der bedrohtesten Tierformen

Zahlen in Klammern geben die Gesamtzahl der bedrohten Formen der betreffenden Tiergruppe an; Zahlen ohne Klammer die geschätzte Zahl der noch existierenden Individuen.

Reptilien

Seychellen-Riesenschildkröte Testudo gigantea	Seychellen	A E
Galapagos-Riesenschildkröte Testudo elephantopus	Galapagos	A M P R
Suppenschildkröte Chelonia mydas	tropische Meere	E A
China-Alligator Alligator sinensis	Unterlauf des Jangtsekiang	A B H
Meerechse Amblyrhynchus cristatus	Galapagos	O P A
Drusenkopf Conolophus subcristatus	Galapagos	O P
Gila-Tier Heloderma suspectum	Arizona, USA	F
Krustenechse Heloderma horridum	Mexiko	F
Komodo-Waran Varanus komodoensis	Komodo-Insel	L 10–20
Bindenwaran Varanus salvator	Malaiischer Archipel	A

Vögel

Steißhühner (2) Südamerika	A	
Pinguine (1)		
Galapagos-Pinguin Spheniscus mendiculus	Galapagos	A E 5000
Lappentaucher (5)		
Atitlansee-Taucher Podilymbus gigas	Guatemala	A E 200
Alaotrasee-Taucher Podiceps rufolavatus	Madagaskar	I K
Röhrennasen (8)		
Newells Sturmvogel Puffinus puffinus newelli	Hawaii	T

Bermuda-Sturmtaucher Pterodroma cahow	Bermudas	A Q R 50
Galapagos-Albatros Diomedea irrorata	Galapagos	O P 6000
Stellers Albatros Diomedea albatrus	Torishima	B 45

Ruderfüßler (3)

Galapagos-Kormoran Nannopterum harrisi	Galapagos	A E 3000

Raubvögel (16)

Anjou-Sperber Accipiter francesii pusillus	Anjou-Insel	H I 1–10
Galapagosbussard Buteo galapagoensis	Galapagos	H O 200
Kuba-Hakenschnabelmilan Chondrohierax wilsonii	Kuba	H I
Schneckenmilan Rostrhamus sociabilis plumbeus	Florida	L 10—20
Spanischer Kaiseradler Aquila heliaca adalberti	Spanien, Nordafrika	C H 100
Affenadler Pithecophaga jefferyi	Philippinen	F I 100
Kalifornischer Kondor Gymnogyps californianus	Kalifornien	D H 60
Mauritius-Falke Falco punctatus	Mauritius	H 10–20
Seychellen-Falke Falco araea	Seychellen	H

Schreitvögel (3)

Korea-Weißstorch Ciconia ciconia boyciana	Korea, Japan	A K
Japanischer Schopfibis Nipponia nippon	Japan	A B I 10

Gänsevögel (13)

Hawaiigans Branta sandvicensis	Hawaii	A 400
Hühnergans Cereopsis novae-hollandiae	Inselchen südl. Australien	A 2000
Kuba-Baumente Dendrocygna arborea	Antillen	A E
Campbell-Ente Anas aucklandica nesiotis	Campbell-Insel	
Neuseeland-Ente Anas aucklandica chlorotis	Neuseeland	A 1000

Auckland-Ente *Anas aucklandica aucklandica*	Auckland-Inseln	A
Laysan-Ente *Anas platyrhynchos laysanensis*	Laysan	R N 500
Hawaii-Ente *Anas platyrhynchos wyvilliana*	Hawaii	P R T 200

Hühnervögel (15)

Hammerhuhn *Macrocephalon maleo*	Celebes	A
Marianen-Großfußhuhn *Megapodius lapérouse lapérouse*	Marianen	I P R
Palau-Großfußhuhn *Megapodius lapérouse senex*	Palau-Inseln	A I
Attwaters Präriehuhn *Tympanuchus cupido attwateri*	Südosttexas	A L P 500
Virginische Baumwachtel *Colinus virginianus ridgwayi*	Nordwestmexiko	L
Mikadofasan *Syrmaticus mikado*	Formosa	A
Swinhoes Fasan *Lophura swinhoi*	Formosa	A 400

Kranichvögel (17)

Takahe *Notornis hochstetteri*	Neuseeland	S T U 100
Hawaii-Teichhuhn *Gallinula chloropus sandvicensis*	Hawaii	K P R 200
Jamaica-Ralle *Laterallus jamaicensis jamaicensis*	Kuba	P R T
Schreikranich *Grus americana*	Kanada	K A 33
Mandschurischer Kranich *Grus japonensis*	Japan, Mandschurei	K 30
Sibirischer Kranich *Grus leucogeranus*	Sibirien	A 100
Haubenkranich *Grus monacha*	Japan, Amurgebiet	K A 1000
Kagu *Rhinochetos jubatus*	Neukaledonien	O P Q R
Riesentrappe *Choriotis nigriceps*	Indien	A I

Möwen-Watvögel (7)

Neuseelandschnepfe *Coenocorypha aucklandica*	Neuseeland	A R
Neuseeland-Regenpfeifer *Thinornis novae-seelandiae*	Chatham-Inseln	R P 140

Hawaii-Stelzenläufer Himantopus himantopus knudseni	Hawaii	A K 200
Korallenmöwe Larus audouinii	Marokko	A E 150

Tauben (14)

Zahntaube Didunculus strigirostris	Samoa	R P
Mindoro-Kaisertaube Ducula mindorensis	Mindoro	
Chatham-Taube Hemiphaga novaeseelandiae chathamensis	Chatham-Insel	A I
Riu Kiu-Waldtaube Columba jouyi	Riu Kiu-Inseln	I

Papageien (22)

Bahama-Amazone Amazona leucocephala bahamensis	Bahamas	I
Puerto Rico-Amazone Amazona vittata vittata	Puerto Rico	A I 200
St. Lucia-Amazone Amazona versicolor	St. Lucia-Insel	I
St. Vincent-Amazone Amazona guildingii	St. Vincent-Insel	I
Kleiner Vasapapagei Coracopsis nigra barklyi	Praslin-Insel (Seychellen)	I
Forbes' Springsittich Cyanorhamphus auriceps forbesi	Mangare-Insel (b. Neuseeland)	R N 100
Höhlensittich Geopsittacus occidentalis	Australien	L P R
Erdsittich Pezoporus wallicus	Australien	A L P S
Goldbauchsittich Neophema chrysogaster mab	Australien	F L
Schönsittich Neophema pulchella	Südostaustralien	F L
Goldschultersittich Psephotus chrysopterygius chrysopterygius	Australien	F 250
Schwarzkappensittich Psephotus chrysopterygius dissimilis	Arnhem Land (Australien)	F
Paradiessittich Psephotus pulcherrimus	Australien	F R

Mauritius-Halsbandsittich Psittacula echo	Mauritius	I
Eulenpapagei Strigops habroptilus	Neuseeland	I S R

Eulen (8)

Puerto Rico-Eule Asio flammeus portoricensis	Puerto Rico	P T
Neuseeland-Eule Sceloglaux albifacies albifacies	Neuseeland	P U

Ziegenmelker (6)	Antillen, Mittel- amerika	T

Segler (3)

Rackenvögel (2)

Langschwanz-Erdracke Uratelornis chimaera	Madagaskar	I

Spechtvögel (9)

Bahama-Specht Melanerpes superciliaris	Bahamas	I
Kuba-Elfenbeinschnabel Campephilus principalis bairdii	Kuba	I D 12
Florida-Elfenbeinschnabel Campephilus principalis principalis	Florida	I
Tristrams Specht Dryocopus javensis richardsi	Korea	I

Sperlingsvögel (135)

Eulers Tyrann Empidonax euleri johnstonei	Grenada	L
Neuseelandzaunkönige: 3 Formen Xenicidae	Neuseeland	I R U
Dickichtvögel: 3 Formen Atrichornithidae	Australien	L R
Hawaii-Krähe Corvus tropicus	Hawaii	B 25–50
Lappenkrähen: 4 Formen Callaeidae	Neuseeland	I P R U
Zaunkönige: 6 Formen Troglodytidae	Zentralamerika, Antillen	I T
Spottdrosseln: 2 Formen Mimidae	Antillen	R
Drosseln: 11 Formen Turdidae	tropische Inseln	I R P T
Zweigsänger: 3 Formen Sylviidae	Australien, Seychellen	P I

Tahiti-Fliegenschnäpper Pomarea nigra nigra	Tahiti	I R
Seychellen-Paradiesschnäpper Terpsiphone corvina	Seychellen	P R I
Piopio Turnagra capensis	Neuseeland	I R
Ponape-Star Aplonis pelzelni	Ponape-Insel	I
Rothschilds-Mynah Leucopsar rothschildi	Bali	F
Honigfresser: 4 Formen Meliphagidae	Australien, Neuseeland	L A
Brillenvögel: 3 Formen Zosteropidae	Fernando Po Karolinen	I
Kleidervögel: 8 Formen Drepaniidae	Hawaii	I L V
Waldsänger: 5 Formen Parulidae	Nord-, Mittel- amerika	I L T
Webervögel: 3 Formen Ploceidae	Seychellen Tristan da Cunha	I P
Schmalschnabelgrackel Cassidix palustris	Mexiko	K L
Finkenvögel: 6 Formen Fringillidae	Amerika Afrika	I

Säugetiere

Beuteltiere (35)

Südliche Flachkopfbeutelmaus Planigale tenuirostris	New South Wales	S P
Kimberley-Flachkopfbeutelmaus Planigale subtilissima	NW-Australien	S P
Pinselschwanz-Beutelmaus Phascogale calura	SW-Australien	S P
Schmalfußbeutelmaus Sminthopsis longicaudata	W-Australien	S P
Östliche Beutelspringmaus Antechinomys laniger	NW-Victoria	S P
Östlicher Beutelmarder Dasyurus quoll	Tasmanien, Victoria	B
Südaustralischer Numbat Myrmecobius fasciatus rufus	SW-Australien	M
Kurznasenbeuteldachs Thylacomys lagotis	Australien	H N
Kleiner Kurznasenbeuteldachs Thylacomys leucurus	Zentralaustralien	B D S

Stutzbeutler Chaeropus ecaudatus	Australien	M S
Westlicher Kletterbeutler Pseudocheiros occidentalis	SW-Australien	N
Leadbeaters Opossum Gymnobelideus leadbeateri	Victoria	P I
Nacktnasenwombat Phascolomys ursinus ursinus	Flinders-Insel	I A B
Koala Phascolarctos cinereus	Australien	I B
Bürstenschwanz-Rattenkänguruh Bettongia penicillata penicillata	Queensland	S H
Lesueurs Rattenkänguruh Bettongia lesueuri	Australien	N S
Rotes Rattenkänguruh Aepyprymnus rufescens	NS-Wales, Queensland	H S
Wüsten-Rattenkänguruh Caloprymnus campestris	Südaustralien	A L S
Langnasenkänguruh Potorous tridactylus tridactylus	Victoria	S
Gestreiftes Hasenkänguruh Lagostrophus fasciatus	Bernier-, Dorre-Inseln	I O P
Rotes Hasenkänguruh Lagorchestes hirsutus hirsutus	Südaustralien	A
Streifenschwanz-Felsenkänguruh Petrogale xanthopus xanthopus	Südaustralien	B
Bürstenschwanz-Felsenkänguruh Petrogale penicillata penicillata	Victoria, Queensland	A B
Gestreiftes Nagelschwanz-Wallaby Onychogalea fraenata	Zentralqueensland	M N S
Halbmond-Nagelschwanz-Wallaby Onychogalea lunata	Victoria	M S
Parma-Wallaby Protemnodon parma	New South Wales	B I

Insektenfresser (4)

Haiti-Schlitzrüßler Solenodon paradoxus	Dominik. Republik	I
Kuba-Schlitzrüßler Solenodon cubanus	östl. Kuba	I

Halbaffen (23)

Fingertier Daubentonia madagascariensis	Madagaskar	I
Coquerel-Zwergmaki Microcebus coquereli	Madagaskar	I
Sifaka Propithecus verreauxi	Madagaskar	I

| Indri | Madagaskar | I |
| Indri indri | | |

Affen (7)

Klammeraffe	Costa Rica	I
Ateles geoffroy frontatus		
Sansibar-Seidenaffe	Sansibar	B I 200
Colobus badius kirkii		
Orang-Utan	Sumatra, Bornea	F 5000
Pongo pygmaeus		
Zwergschimpanse	südl. des Kongo	I
Bonobo paniscus		
Berggorilla	Ostkongo	L 5000
Gorilla gorilla beringei		

Nagetiere (8)

Chinchilla	Chile	B
Chinchilla lanigera		
Kaibab-Eichhörnchen	Arizona	I
Sciurus kaibabensis		
Utah-Präriehund	Utah	L
Cynomys parvidens		
Europäischer Biber	Europa	L A B G
Castor fiber		

Seekühe (4)

Dugong	Indischer Ozean	A
Dugong dugon		
Manati	Karib. Meer	A
Trichechus manatus		
Afrikanischer Lamatin	Senegalküste	A
Trichechus senegalensis		

Wale (8)

Japanwal	Nordpazifik	A
Eubalaena sieboldi		
Nordkaper	Nordatlantik	A
Eubalaena glacialis		
Südkaper	Südmeere	A
Eubalaena australis		
Grönlandwal	Nordatlantik	A
Balaena mysticetus		
Buckelwal	Südmeere	A
Megaptera novaeanglia		
Blauwal	Südmeere	A 500–2000
Balaenoptera musculus		
Finnwal	weltweit	A 40 000
Balaenoptera physalus		

Grauwal Eschrichtius gibbosus	Pazifik	A 5000
Raubtiere (16)		
Indischer Gepard Acinonyx jubatus venaticus	Indien	B L
Afrikanischer Gepard Acinonyx jubatus jubatus	Afrika	B L
Balitiger Panthera tigris balica	Bali	H L 3–4
Kaspi-Tiger Panthera tigris virgata	Nordiran, Turkestan	H I
Lob-nor-Tiger Panthera tigris lecoqui	Chines. Turkestan	H L
Nordchinesischer Tiger Panthera tigris coreensis	Korea, Mongolei, Mandschurei	H
Sibirischer Tiger Panthera tigris longipilis	Amur-, Ussurigebiet	H G B
Indischer Löwe Panthera leo persica	Gir-Urwald (Nordwestindien)	D L 250
Nordafrikanischer Karakal Lynx caracal algira	Nordafrika	H
Pardelluchs Lynx lynx pardina	Sierra Morena, Südspanien	H 150
Fossa Cryptoprocta ferox	Madagaskar	I
Fanaloka Fossa fossa	Madagaskar	I
Schwarzfußiltis Mustela nigripes	Dakota, Montana (USA)	H
Großer Panda Ailuropoda melanoleuca	Szechuan	
Robben (12)		
Pazifische Mönchsrobbe Monachus schauinslandi	Hawaii-Inseln	B 1500
Karibische Mönchsrobbe Monachus tropicalis	Jamaica	B 50
Mittelmeer-Mönchsrobbe Monachus monachus	Mittelmeer	B 1000 bis 5000
Nördlicher See-Elefant Mirounga angustirostris	Kalifornien	B 8000 bis 10 000
Seehundsee-Seehund Phoca vitulina mellonae	Seehundseen (Labrador)	B 500
Atlantisches Walroß Odobenus rosmarus rosmarus	Nordatlantik	C B 20 000 bis 40 000
Pazifisches Walroß Odobenus rosmarus divergens	Nordpazifik	C 20 000

Guadalupe-Pelzrobbe Arctocephalus philippi townsendi	Guadalupe	B 200–500
Juan Fernandez-Pelzrobbe Arctocephalus philippi philippi	Juan-Fernandez	B 50
Galapagos-Seebär Arctocephalus australis galapagoensis	Galapagos	B 500
Japanischer Seelöwe Zalophus californianus japonicus	Japan	B

Rüsseltiere (2)

Ceylon-Elefant Elephas maximus ceylanicus	Ceylon	A I 1000
Sumatra-Elefant Elephas maximus sumatranus	Sumatra	A 100

Röhrenzähner (1)

Erikssons Erdferkel Orycteropus afer erikssoni	Iturigebiet (Kongo)	A

Unpaarzeher (14)

Spitzmaulnashorn Diceros bicornis	Ostafrika	G 13 000
Breitmaulnashorn Diceros simus	Sudan	G C 3900
Sumatra-Nashorn Didermoceros sumatrensis	Burma, Malaya, Sumatra	G 150
Java-Nashorn Rhinoceros sondaicus	Java	G 12
Panzernashorn Rhinoceros unicornis	Indien, Nepal	G 600
Bairds Tapir Tapirus bairdii	Panama, Costa Rica, Mexiko	A I
Asiatisches Wildpferd Equus przewalski	Mongolei	A
Kapland-Bergzebra Equus zebra zebra	Kapland	A 81
Indischer Halbesel Equus hemionus khur	NW-Indien	V A 870
Persischer Halbesel Equus hemionus onager	NO-Iran NW-Afghanistan	A 300
Mongolischer Halbesel Equus hemionus hemionus	Zentralmongolei	A
Somali-Wildesel Equus asinus somalicus	Somalia, Abessinien	A 1400
Nubischer Wildesel Equus asinus africanus	Sudan	A 300

Paarzeher (72)

Wildschaf: 3 Formen Ovis musimon	Asien, Zypern	A
Markhor Capra falconeri	Turkestan, Pakistan	A
Abessinischer Steinbock Capra ibex walie	Abessinien	A C 150
Nubischer Steinbock Capra ibex nubiana	Ägypten, Sudan	A 2000
Kretische Wildziege Capra hircus cretica	Kreta	A 100
Arabischer Tahr Hemitragus jayakari	Oman	A
Nilgiri-Tahr Hemitragus hylocrius	Südindien	A C 800
Takin Budorcas taxicolor	Burma, Indien	A
Japanischer Serau Capricornis crispus crispus	Japan	A I 1500
Sumatra-Serau Capricornis sumatraensis sumatraensis	Sumatra	A
Atlas-Gazelle Gazella gazella cuvieri	Atlas	A 600
Sand-Gazelle Gazella leptoceros	Sahara	A
Mhorr-Gazelle Gazella dama mhorr	Südwestmarokko	G
Clarke's Gazelle Ammodorcas clarkei	Somaliland	A 1500
Sansibar-Moschusböckchen Nesotragus moschatus moschatus	Sansibar	A
Weißschwanzgnu Connochaetes gnu	Südafrika	A B H 600
Swayne's Hartebeest Alcelaphus buselaphus swaynei	Aethiopien	A V
Hunters Leierantilope Damaliscus hunteri	Somalia, Kenia	
Buntbock Damaliscus dorcas dorcas	Südafrika	A H 600
Mendes-Antilope Addax nasomaculatus	Südl. Sahara	A
Arabische Oryx Oryx leucoryx	Arabien	D 200
Riesenrappenantilope Hippotragus niger variani	Angola	A 500

Wildyak Bos mutus	Zentraltibet	A
Kouprey Bos sauveli	Nordkambodscha	I 800
Banteng: 3 Formen Bos javanicus	Java, Borneo, Burma, Thailand	A I
Gaur, Malaiischer Bos gaurus hubacki	Malaiische Halbinsel	A C I 300
Tamarau Anoa mindorensis	Mindoro	I A
Anoa Anoa depressicornis	Celebes	A I
Wasserbüffel Bubalus bubalis	Assam, Nepal, Indien	A V 2100
Wisent Bison bonasus bonasus	Polen, Rußland	I 500
Westafrikanische Riesen- elenantilope Taurotragus derbianus derbianus	Guinea, Elfenbeinküste	A V 50–100
Rentier, Karibu: 3 Rassen Rangifer tarandus	Lappland, Nordamerika	A D
Davidhirsch Elaphurus davidianus	nur noch in Zoos	390
Rothirsch: 6 Formen Cervus elaphus	Asien, Nordafrika	A G
Sikahirsch: 6 Formen Cervus nippon	Japan, Ostasien	A G I
Leierhirsch: 3 Formen Cervus eldi	Burma, Thailand	A
Bawean-Hirsch Hyelaphus kuhli	Bawean-Insel (Sunda-Archipel)	A I
Key-Virginiahirsch Odocoilus virginianus clavium	S-Florida	A I 235
Mesopotamischer Damhirsch Dama mesopotamica	SW-Iran	A I 50–60
Wildkamel Camelus bactrianus ferus	Gobi, Transaltai	A 400
Zwergschwein Porcula salvania	Nepal, Sikkim, Assam	L

Literatur

Ausführliche Literaturverzeichnisse finden sich in folgenden Büchern:

ALLEN, G. M.: Extinct and Vanishing Mammals of the Western Hemi-
sphere. Spec. Publ. Am. Comm. Internat. Wild Life Protection, Nr. 11,
New York 1942.

Greenwey, J. C.: Extinct and Vanishing Birds of the World. Spec. Publ. Am. Comm. Internat. Wild Life Protection, Nr. 13, New York 1958.

Harper, Ph.: Extinct and Vanishing Mammals of the Old World. Spec. Publ. Am. Comm. Internat. Wild Life Protection, Nr. 12, New York 1945.

IUCN: Derniers refuges, Atlas des Réserves Naturelles dans le monde. Elsevier, Bruxelles 1956.

Street, Ph.: Vanishing Animals. Faber and Faber, London 1961.

Zeitschriften:

IUCN-Bulletin, International Union for Conservation of Nature and Natural Resources, Morges, Switzerland.

„Natur und Landschaft", Bundesanstalt für Vegetationskunde, Naturschutz und Landschaftspflege, Bad Godesberg.

„Oryx", The Journal of the Fauna Preservation Society, London.

„Schweizer Naturschutz", Basel.

„Unesco-Kurier", Paris.

Sachverzeichnis

(Kursive Zahlen verweisen auf die Nummer der Abbildung)

Gesamtherstellung: Konrad Triltsch, Graphischer Großbetrieb, Würzburg